高等院校数字艺术设计系列教材

3ds Max 2018

三维动画 设计与制作教程

韩永毅 洪彤 编著

U0252309

清华大学出版社

北京

内 容 简 介

本书由浅入深地介绍了3ds Max 2018的各个模块，通过18个综合实例循序渐进地讲解了在三维动画制作过程中的相关技术和软件实际应用操作等问题。全书共9章，包括三维动画和3ds Max 2018的基础知识，基础、多边形和NURBS建模等多种建模方式，以及材质、贴图、灯光、摄像机、渲染、特效和动画等技术。

笔者结合多年的动画制作和教学经验，精心挑选了在三维动画制作实践中可能会遇到的问题及难点进行实例讲解，并将3ds Max 2018的命令分为常用核心命令及不常用辅助命令两类，通过案例来讲授解决问题的思路，及对这一过程中所用到的主要命令进行指导建议，使读者逐步掌握自我学习方法和独立解决问题的能力，在遇到制作三维动画项目的时候能够厘清思路，随时变通进行修正改进，以达到用最有效、最快捷的办法来解决问题。

本书内容详实，案例丰富，不仅适用于全国高等院校动画、影视、建筑等相关专业的教师和学生，还适用于从事动漫游戏制作、影视制作、建筑效果表现以及专业入学考试的人员。

图书在版编目(CIP)数据

3ds Max 2018三维动画设计与制作教程 / 韩永毅，洪彤 编著. 一北京：清华大学出版社，2020.7
（2023.9重印）
高等院校数字艺术设计系列教材
ISBN 978-7-302-55789-0

Ⅰ.①3… Ⅱ.①韩… ②洪… Ⅲ.①三维动画软件－高等学校－教材 Ⅳ.①TP391.414

中国版本图书馆CIP数据核字(2020)第105211号

责任编辑：李 磊
封面设计：杨 曦
版式设计：孔祥峰
责任校对：成凤进
责任印制：丛怀宇

出版发行：清华大学出版社
      网 址：http://www.tup.com.cn，http://www.wqbook.com
      地 址：北京清华大学学研大厦A座 邮 编：100084
      社 总 机：010-83470000 邮 购：010-62786544
      投稿与读者服务：010-62776969，c-service@tup.tsinghua.edu.cn
      质 量 反 馈：010-62772015，zhiliang@tup.tsinghua.edu.cn
印 装 者：三河市君旺印务有限公司
经 销：全国新华书店
开 本：185mm×260mm 印 张：13 字 数：349千字
版 次：2020年9月第1版 印 次：2023 年9月第2次印刷
定 价：69.00元

产品编号：080977-01

3ds Max 2018 | 前言

3ds Max是美国Autodesk公司出品的世界顶级的三维动画软件，被广泛应用于专业的影视广告、角色动画、电影特技等。3ds Max功能完善，操作灵活，易学易用，制作效率极高，渲染真实感极强，是电影级别的三维制作软件。

本书全面介绍了3ds Max 2018的各个模块及实际操作应用，其中包括3ds Max的基础知识、建模、灯光、摄像机、材质、渲染、动画及特效等技术。

本书每一个模块的讲解都按照整体思路解析→软件功能介绍→常用命令参数详解→辅助命令讲解→案例制作→知识拓展的思路来编排。通过这个学习流程，读者能够比较直观地理解3ds Max 2018各个模块之间的逻辑关系，并配合配套教学视频的学习，使读者能够厘清思路，力求用最有效的办法解决在实际制作中所遇到的问题，并最终达到独立思考和解决问题的能力。

本书共9章内容，分别如下。

第1章 三维动画概述，通过讲述三维动画的现状、发展趋势、应用领域，以及三维动画软件技术的学习方法等，使初学者较直观地了解三维动画的一些基础知识。

第2章 初识3ds Max 2018，介绍了3ds Max 2018的界面布局、工作界面操作，以及常用命令和常用工具的使用方法。

第3章 基础建模，介绍了三维动画建模的方法总论，以及如何利用3ds Max 2018的标准体、扩展基本体、二维图形等建模工具去创建三维模型的基础方法。

第4章 多边形建模，介绍了3ds Max 2018的多边形建模技术，以及工业模型、生物模型等不同类型模型的建模思路、流程和方法。

第5章 NURBS建模，介绍了3ds Max 2018的NURBS建模技术，以及NURBS工具箱的使用方法。

第6章 材质和贴图，介绍了3ds Max 2018材质的概念、UV纹理坐标系和贴图纹理的绘制方法。

第7章 灯光、摄像机和渲染，介绍了3ds Max 2018灯光、摄像机的类型和使用方法，以及渲染的设置方法。

第8章 动画，介绍了三维动画的基础知识、3ds Max 2018动画的控制工具和关键帧动画。

第9章 特效，介绍了3ds Max 2018粒子动画，以及运用粒子模拟特效的渲染方法。

作者力求把3ds Max 2018的常用核心命令进行详细介绍，在讲解过程中并不是单纯地讲解命令，而是通过案例来讲授解决问题的思路，以及在这一过程中所用到的主要命令。通过一系列深入浅出的案例来锻炼读者正确的制作思路。

　　本书由韩永毅、洪彤编著。由于作者编写能力所限，书中难免有疏漏和不足之处，恳请广大读者给予批评和指正。

　　本书配套的立体化教学资源中提供了书中所有案例的素材文件、效果文件、教学视频和PPT教学课件。读者在学习时可扫描下面的二维码，然后将内容推送到自己的邮箱中，即可下载获取相应的资源（注意：请将这几个二维码下的压缩文件全部下载完毕后，再进行解压，即可得到完整的文件内容）。

资源1　　　　　资源2　　　　　资源3　　　　　资源4

资源5　　　　　资源6　　　　　资源7

编　者

3ds Max 2018 | 目录

第 1 章　三维动画概述

1.1　三维动画的现状及发展趋势·············· 1
1.2　三维动画的应用领域······················ 1
1.3　三维动画的学习方法······················ 3

1.4　计算机图形图像的基础知识·············· 4
　　1.4.1　色彩模式························· 4
　　1.4.2　颜色的深度····················· 5
　　1.4.3　常用的图像文件格式············· 6

第 2 章　初识 3ds Max 2018

2.1　工作界面·································· 7
　　2.1.1　主菜单栏······················· 7
　　2.1.2　工具栏························· 8
　　2.1.3　石墨建模工具集················· 8
　　2.1.4　场景资源管理器················· 9
　　2.1.5　时间控制栏····················· 9
　　2.1.6　动画控制栏····················· 9
　　2.1.7　视图导航栏····················· 9
　　2.1.8　命令面板栏···················· 10

　　2.1.9　视图工作区···················· 10
2.2　常用命令································ 11
　　2.2.1　项目文件的创建和管理·········· 11
　　2.2.2　三维空间坐标轴················ 12
　　2.2.3　坐标系························ 13
　　2.2.4　三种复制对象的方法············ 14
　　2.2.5　组合对象······················ 16
　　2.2.6　物体的对齐与捕捉·············· 16
　　2.2.7　改变物体中心·················· 18

第 3 章　基础建模

3.1　建模方法总论····························· 19
　　3.1.1　基础几何体建模················ 19
　　3.1.2　二维图形建模·················· 20
　　3.1.3　面片建模······················ 20
　　3.1.4　NURBS 建模·················· 21
　　3.1.5　多边形建模···················· 21
3.2　基础几何体建模·························· 22
　　3.2.1　长方体························ 22
　　3.2.2　圆柱体························ 23
　　3.2.3　球体和几何球体················ 24
3.3　基础几何体建模实例：茶几············ 25

3.4　扩展基本体建模·························· 29
　　3.4.1　切角长方体···················· 30
　　3.4.2　切角圆柱体···················· 30
3.5　扩展基本体建模实例：沙发············ 32
3.6　二维图形建模··························· 33
　　3.6.1　创建线型样条线················ 34
　　3.6.2　编辑线型样条线················ 35
　　3.6.3　样条线的顶点层级·············· 35
　　3.6.4　样条线的线段层级·············· 37
　　3.6.5　样条线层级···················· 37
3.7　二维图形建模实例：推拉小车·········· 38

第 4 章　多边形建模

4.1　多边形建模的一般流程·················· 43
4.2　多边形建模的常用命令·················· 43
　　4.2.1　点子层级下的常用命令·········· 44
　　4.2.2　边子层级下的常用命令·········· 45
　　4.2.3　面子层级下的常用命令·········· 45

4.3　多边形建模实例：
　　　航拍无人机模型······················ 46
　　4.3.1　创建无人机模型的工程文件······ 47
　　4.3.2　制作参考平面图················ 47
　　4.3.3　制作航拍器的机身部分·········· 49
　　4.3.4　制作航拍器的螺旋桨部分········ 52

4.3.5 创建航拍器的机架部分 ······· 61
4.3.6 制作航拍器摄像机的吊架部分 ······· 64
4.3.7 制作航拍的摄像机部分 ······· 68
4.3.8 制作航拍的电池部分 ······· 73
4.3.9 为航拍器添加细节 ······· 74
4.4 多边形建模实例：卡通角色建模 ····· 77
4.4.1 生物角色建模的流程和规律 ······· 77
4.4.2 创建角色工程文件 ······· 77

4.4.3 制作参考平面图 ······· 78
4.4.4 制作角色的头部 ······· 78
4.4.5 制作角色的躯干 ······· 86
4.4.6 制作角色的手部 ······· 89
4.4.7 制作角色的头发 ······· 91
4.4.8 制作角色的裤子 ······· 93
4.4.9 制作角色的鞋 ······· 95
4.4.10 制作角色的背心 ······· 95

第 5 章　NURBS 建模

5.1 NURBS 曲线基本体 ···········97
5.2 NURBS 曲面基本体 ···········97
5.3 NURBS 子对象 ···········98
5.4 NURBS 工具箱 ···········98
5.4.1 NURBS 点子对象 ···········98

5.4.2 NURBS 曲线子对象 ··········· 99
5.4.3 NURBS 曲面子对象 ···········100
5.5 NURBS 建模实例：花瓶 ···········101
5.6 NURBS 建模实例：滑板 ···········103

第 6 章　材质和贴图

6.1 材质编辑器 ···········111
6.2 标准材质 ···········112
6.2.1 明暗器卷展栏 ···········113
6.2.2 Blinn 基本参数卷展栏 ···········114
6.2.3 扩展参数卷展栏 ···········114
6.2.4 超级采样卷展栏 ···········114
6.2.5 贴图卷展栏 ···········114
6.3 其他材质类型 ···········115
6.3.1 双面材质 ···········115
6.3.2 顶 / 底材质 ···········115
6.3.3 混合材质 ···········116
6.3.4 虫漆材质 ···········116
6.3.5 多维 / 子对象材质 ···········117
6.4 材质应用实例：桌面一角 ···········117
6.4.1 制作普通材质贴图 ···········117
6.4.2 制作反射效果材质 ···········119
6.4.3 制作多重效果材质 ···········120

6.4.4 制作有色玻璃效果材质 ···········122
6.5 贴图 ···········123
6.5.1 位图贴图 ···········124
6.5.2 渐变贴图 ···········124
6.5.3 渐变坡度贴图 ···········125
6.5.4 细胞贴图 ···········125
6.5.5 凹痕贴图 ···········126
6.5.6 衰减贴图 ···········126
6.5.7 噪波贴图 ···········127
6.5.8 光线跟踪贴图 ···········127
6.6 贴图坐标 ···········128
6.6.1 编辑 UV 坐标系统 ···········130
6.6.2 UVW 贴图编辑修改器 ···········130
6.7 UVW 贴图展开实例：电话亭模型 UVW 贴图展开 ···········133
6.8 贴图绘制实例：绘制电话亭贴图 ····133

第 7 章　灯光、摄像机和渲染

7.1 灯光的作用 ···········141
7.2 灯光的构建思路 ···········141
7.3 常用灯光类型 ···········142
7.3.1 标准灯光 ···········142
7.3.2 标准灯光的基本参数 ···········144
7.3.3 光度学灯光 ···········146
7.3.4 光度学灯光的基本参数 ···········147
7.4 三维虚拟摄像机 ···········149
7.4.1 摄像机类型 ···········149

7.4.2 摄像机参数 ···········150
7.5 渲染和输出 ···········151
7.5.1 渲染设置 ···········152
7.5.2 渲染帧窗口 ···········155
7.6 灯光、摄像机应用实例：三点照明 ···········156
7.7 灯光、摄像机应用实例：天光照明 ···········159

第 8 章　动画

8.1　动画的基础知识 ……………………163
　　8.1.1　动画常用的视频制式 ……………163
　　8.1.2　时间配置 ………………………163
8.2　动画制作的方式 ……………………164
　　8.2.1　自动记录关键帧的方式制作动画 …164
　　8.2.2　设置关键帧的方式制作动画 ………165
8.3　动画轨迹视图 ………………………165
　　8.3.1　动画轨迹视图的菜单栏 …………166
　　8.3.2　动画轨迹视图的工具栏 …………166
　　8.3.3　动画轨迹视图的树状结构图 ………169
　　8.3.4　动画轨迹视图的轨迹区域 ………169
8.4　关键帧动画 …………………………169

8.4.1　使用自动记录关键帧制作动画 ……169
　　8.4.2　使用设置关键帧制作动画 ………172
8.5　关键帧动画制作实例：
　　　跳动的可乐罐 ……………………173
　　8.5.1　制作可乐罐基本的弹跳动画 ………173
　　8.5.2　调节动画曲线 …………………176
　　8.5.3　为可乐罐运动添加翻转细节 ……178
　　8.5.4　为可乐罐运动添加落地细节 ……179
8.6　利用控制器制作动画 ………………179
　　8.6.1　路径约束控制器动画：汽车动画 …179
　　8.6.2　注视约束控制器动画：目不转睛 …181

第 9 章　特效

9.1　粒子动画制作的基本流程 …………183
9.2　粒子类型 ……………………………183
9.3　喷射类型粒子 ………………………184
9.4　喷射粒子实例：雨中喷泉 1 …………185
　　9.4.1　设置粒子发射器 …………………185
　　9.4.2　调节粒子渲染材质 ………………186

9.5　超级喷射粒子实例：
　　　雨中喷泉 2 …………………………188
　　9.5.1　设置超级喷射粒子发射器 ………188
　　9.5.2　调节粒子渲染材质 ………………191
9.6　粒子流源 ……………………………194
9.7　粒子流源实例：树叶飘落 ……………195

第1章

三维动画概述

本章介绍了三维动画的现状、发展趋势、应用领域，以及如何学好三维软件和关于计算机图形图像的基础知识，使初学者较直观地了解三维动画的基础知识。

| 1.1 三维动画的现状及发展趋势

在这个变革的数字化时代，中国已经步入了数字媒体飞速发展的时期，与此同时与数字媒体相关的产业也蓄势待发，动漫、影视、游戏、电子出版物都已经准备就绪。数字文化与艺术的变革发掘了中国数字媒体时代下的新商机，成为技术与艺术的新核心。

数字媒体时代下的三维动画又称为3D动画，是一种新型的动画类别。利用计算机中的三维渲染回放技术，呈现出三维渲染效果，经过一系列的数学方法来实现动画的设计与制作，最终得到一套完整的三维动画视频。

三维软件的功能是非常强大和完善的，在建模领域里，与传统二维空间不同，三维空间出现的点、线、面都可以在三维空间中进行精确的计算和描述，并形成空间模型。在动画处理中，由以往的逐帧调节角色的运动到现如今的运动捕捉系统。在渲染计算方面，光线追踪、全局光照等技术手段的更新，大大提高了渲染的真实度，同时也提高了工作效率。总之，三维技术可以完全不受客观事物的约束，尽可能地还原设计者的想法。

| 1.2 三维动画的应用领域

三维图形比起二维图形更直观，可以给观众身临其境的感觉，尤其适用于尚未实现的虚拟项目，可以使观众提前领略实施完成后的效果。三维动画作为电脑艺术表现形式的手段之一，主要应用于以下领域。

1. 建筑领域

三维技术在建筑领域的应用可以说是最为广泛的。从早期的建筑效果图到后来的建筑漫游动画，都能看到三维技术在此领域应用的身影。例如世界瞩目的北京奥运会，在北京奥运会体育场所还未兴建时，就已经通过三维动画技术活灵活现地展现在观众的面前，让奥运评委们提前领略到北京奥运场馆的气势恢宏。再比如当我们进行室内装潢时，对于某一块颜色或者材质拿不准主意时，同样可以借助三维技术去模拟各种物体的图案、材质、颜色等。客户在显示器面前就可以随时修改方案直到满意为止。现如今三维技术在桥梁、道路、隧道、街景、城市规划、园区规划等领域的应用已经越来越深入，如图1-1所示。

2. 医学领域

医学是一门古老而且严谨的科学，在医学的各个分支中普遍存在着抽象性和微观性等特点。患者如果在就医前能够直观地了解自己的病因及病理结构，那么对医患之间的沟通乃至增加患者的治愈信心都是有很大帮助的。三维动画以其真实性、准确性、直观性等特点，正好解决了在医学领域中沟通和交流的困难，这也使医学动画的发展成为必然性，如图1-2所示。

图1-1

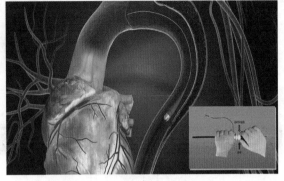
图1-2

3. 影视动画领域

有一个有趣的统计数据显示，当我们打开电视观看节目的时候，大约每隔30秒左右就会出现三维动画参与制作的影子。一个利用三维技术制作的广告作品，会是老少皆宜、引人入胜的，当然这样的作品广告效应也会很好。2009年的由20世纪福克斯出品的《阿凡达》让许多观众如痴如醉，而这部作品就是利用三维动画与真实演员动作实拍相结合的技术来完成的。伴随着科学技术的进步，相信在不久的未来，会有更多惊奇的电影视觉效果出现，一场视觉效果的饕餮盛宴在等着我们，如图1-3所示。

4. 游戏领域

我们常说的"游戏"一词，泛指在电子设备上进行的电子游戏。现如今的电子游戏终端越来越多，例如个人电脑、平板电脑、手机、互联网等。但自从三维游戏诞生至今，这种具有三维立体的游戏体验方式早已成为最为典型和普遍的游戏模式。现如今，借助VR等技术，三维游戏在玩家体验到震撼细腻的画面效果的同时，还可以实现人机交互等互动模式，如图1-4所示。

图1-3

图1-4

5. 其他领域

三维动画在其他的许多领域都得到了广泛应用，例如工业制造、国防军事、教育、现代艺术等。当今几乎所有的应用领域我们都能见到它的影子，如图1-5所示。

图1-5

1.3 三维动画的学习方法

三维动画的制作过程是非常具有挑战性与趣味性的，有很多朋友一旦接触就会不知不觉地融入其中。笔者从事三维动画教育工作已近15年，在学校里面看着一届届的学生从入学到毕业，从开始接触三维软件时的好奇，再到每一天充满困惑，死记硬背各种容易混淆的菜单命令，直至完成第一件属于自己的三维动画作品时的喜悦。在整个学习过程中的酸甜苦辣，恐怕只有学习者自己才能够体会。

在校园里，笔者经常看到这样一类学生。他们的电脑性能非常出众，双屏的显示器、专业的显卡、强劲的CPU。他们的电脑硬盘里存储着好几个TB的三维动画教程，你问他任何有关三维软件的命令他都能够讲出来，甚至能够告诉你在哪个菜单下的哪个命令。但是这类学生往往连一件像样的模型都做不出来。

为什么会出现这种现象呢？关键的问题在于这类同学没有把三维软件当成一个工具来看待，而是当成一个在学业中必须要完成的仪式。在这个仪式中充满了无聊单调的菜单、命令，如图1-6所示。他们殊不知三维软件中所有的命令是有主次关系、需要相互协调配合的，并不是你把所有的命令都知道了并且背下来，你就可以做出像样的作品来。记下并且理解某个单独的操作命令并不难，关键是如何能够深入地应用好各个命令之间的关系。常用的命令就那么几个，伴随着软件版本的提高，常用的命令从来就没有改变过。改进增加的都是原来2~3个操作命令才能实现的效果，现在一个新命令就能解决了。就如学习英语一样，如果先去背单词，然后学语法，最后再去看英语文章，这种循序渐进的方法固然好，但是会消耗我们很长的时间，如果在学习英语文章中去背单词呢？把文章中常常出现的英语单词先记牢，那么学习效率就会高很多。所以，我们不要只是单一地记命令，而是要理解各个命令间的关系。并且在对软件有了一些了解后，就要多思考，在制作中去寻找你所需要的命令，伴随着作品质量的提高，更多的命令也得以掌握。

当然，无论学习什么都需要学习方法。虽说方法因人而异，但好的方法还是可以事半功倍的。

1. 要有一个明确的学习目标

没有学习目标，犹如鸟儿没有翅膀。读者可以给自己先制订一个短期目标，例如在一个月之内做出一件什么样的作品，把软件学习到什么程度，这样就会有压力，然后把压力转换成动力。

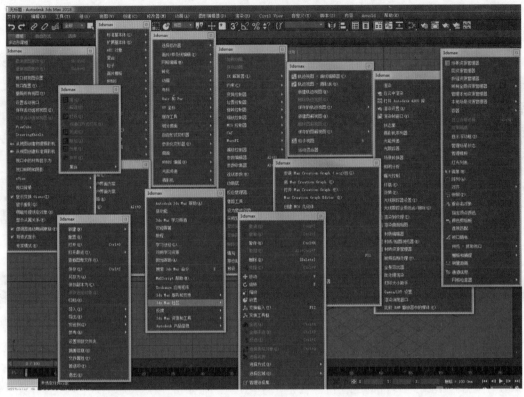

图1-6

2. 要时刻锻炼自己的观察能力

不论学习者有没有美术功底，都要时刻锻炼观察能力。就拿建模来说，无论是一块肥皂、一个鼠标或者是一辆汽车，我们在做之前都要认真地去观察，在网上多去找一些参考资料，如果自己能够去现场观看，拍摄参考资料那样更好。

3. 拓宽自己的眼界

像"闭关修炼三个月"这样的做法尽管精神可嘉，但是未免有闭门造车之嫌。信息时代里网络已成为人们生活和学习必不可少的工具，我们可以访问一些三维学习网站或学习论坛，与他人交流，向高手求教。

1.4 计算机图形图像的基础知识 🔍 ➡

三维动画制作是以图形图像为基础的。下面将介绍三维动画制作中所涉及的图形图像基础知识。

1.4.1 ▶ 色彩模式

1. RGB和CMYK色彩模式

RGB即红(Red)、绿(Green)、蓝(Blue)，是一种颜色的加色模式，我们在显示器中所看到的任何图像，都是这三种颜色的发光体按照不同的发光比例关系显示的。这些发光体是由许许多多的点组成的，这些微小的点在计算机中被称为像素(Pixel)。每一个像素的颜色值都可以由红、绿、蓝，即R、G、B 三个值来进行描述。

RGB色彩模式是图形图像软件最常用也是最基本的一种颜色模式。在这种模式下存储的图像格式要比其他图像格式的文件量小得多，可以节省更多的内存和存储空间。

CMYK即青色(Cyan)、洋红色(Magenta)、黄色(Yellow)、黑色(Black)，是一种颜色的减色模式，多应用在印刷行业中，如图1-7所示。

2. HSB色彩模式

HSB色彩模式是基于人类对色彩的感觉模式，如图1-8所示。

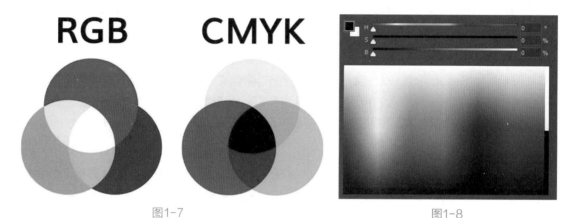

图1-7　　　　　　　　　　　　　　　　　　图1-8

HSB主要有以下三个基本要素。

色相(Hue)： 色相是指物体反射或者透过物体传播的颜色，是颜色的基本特征，反应颜色的基本面貌。色相是由颜色的名称标识的，例如红、橙、黄、绿、青、蓝等，俗称"固有色"。

饱和度(Saturation)： 饱和度是指颜色的强度或者纯度。每一种颜色都有一种人为规定的颜色标准，饱和度是用来描述颜色与标准颜色之间的相近程度的物理量。用0%(灰色)~100%(完全饱和)的百分比来度量。

亮度(Luminosity)： 亮度是指颜色的相对明暗程度，通常用0%~100%，也就是从黑到亮的百分比来度量。

1.4.2　颜色的深度

我们通常所称的标准VGA显示模式是8位的显示模式，即2的8次方等于256，在该模式下能显示256种颜色信息，为什么是2呢？

因为我们知道计算机是二进制来计算的。而16位的显示模式，即2的16次方等于65536，在该模式下能显示65536种颜色信息。现在主流的显示器基本都能达到24位的显示模式，即1677多万种颜色，俗称"真色彩"。但是即使显示器能显示这么多种颜色信息，我们人眼也是分辨不出来的。

1.4.3 常用的图像文件格式

1. JPEG格式

JPEG(全称为Joint Photographic Experts Group，联合照片专家组)是一种非常常见的图像格式。JPEG拥有十分先进的压缩技术，一幅未经压缩的图片压缩成JPEG格式后，其文件量大约可以减少到原文件量的1/40左右，而图像质量几乎没有什么变化。JPEG图像格式应用非常广泛，尤其在互联网上几乎所有的图片都是JPEG格式。

2. TGA格式

TGA(全称为Tagged Graphics，标签图形)文件格式是由美国Truevision公司为其显卡开发的一种图像文件格式。TGA文件格式支持24位的RGB图像，并且支持Alpha通道，它广泛地应用于三维软件的渲染图像，属于专业级别的文件格式。缺点是由于质量较高，文件量较大。

3. TIFF格式

TIFF(全称为Tag Image Format，标签图形格式)图像文件格式用来在不同的应用软件与计算机平台上交换文件，是一种灵活的位图格式，几乎所有的图形图像软件都支持该格式。TIFF格式支持CMYK颜色模式、RGB颜色模式等，目前被广泛应用于印刷行业。

4. OpenEXR格式

OpenEXR或简称为exr格式，是一种开放标准的高动态范围图像格式，在计算机图形学里被广泛用于存储图像数据，但也可以存储一些后期合成处理所需的数据。OpenEXR最早由工业光魔开发，是近几年在三维软件领域里一种新兴的文件格式。

第2章

初识3ds Max 2018

本章详细介绍了3ds Max 2018的工作界面、视图操作、三维空间坐标、项目文件的创建和管理，以及常用的命令操作。

2.1 工作界面

自从1995年皮克斯的《玩具总动员》上映至今，三维动画技术已经进入一个全盛的时期，现如今三维动画技术与电影、电视、游戏开发等产业也结合得越来越紧密。Autodesk的3ds Max作为全世界顶级的三维软件之一，从诞生以来就一直受到广大CG艺术家的喜爱。3ds Max 在模型塑造、场景渲染、动画及特效等方面都能制造出高品质的对象，这也使其在室内设计、建筑表现、影视与游戏制作等领域中占有领导地位，现如今3ds Max已经成为全球最受欢迎的三维制作软件之一。

3ds Max经过多次版本升级后，其功能已经越来越强大，本书主要向读者介绍的是3ds Max 2018。当用户安装好3ds Max 2018后，双击桌面图标，即可启动该软件，3ds Max 2018的工作界面如图2-1所示。

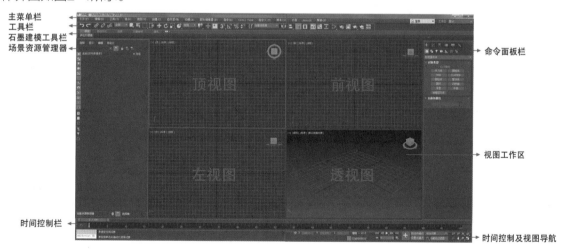

图2-1

2.1.1 主菜单栏

3ds Max 2018的主菜单栏位于工作界面的最上方，其中包括"文件""编辑""工具""组""视图""创建""修改器""动画""图形曲线编辑器""渲染""Civil View(Civil

视图)""自定义""脚本""内容""Arnold(阿诺德渲染器)""Help(帮助)"共16个菜单,如图2-2所示。

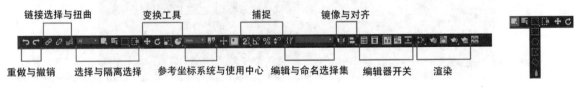

图2-2

文件: 用于3ds Max 2018一般项目文件的管理。

编辑: 用于3ds Max 2018选择和编辑对象。例如操作步骤的撤销,物体的复制、全选、反选等命令。

工具: 用于3ds Max 2018较为复杂的变换和管理。例如物体的镜像、对齐等命令。

组: 用于3ds Max 2018对象组的管理。例如成组、解组、组结合、组分离等命令。

视图: 用于3ds Max 2018视图工作区的操作。

创建: 用于3ds Max 2018几何物体、二维物体、灯光、粒子等物体的创建。

修改器: 用于3ds Max 2018修改造型等设置。

动画: 用于3ds Max 2018动画设置。例如各种动画控制器、IK(反向动力学)设置、创建预览、观看预览等命令。

图形编辑器: 用于3ds Max 2018图形形象的展示与场景中各个元素相互关系的编辑器。

渲染: 用于3ds Max 2018与渲染相关的工具与控制器。

Civil View(Civil视图): 提供了一套土木工程师和交通运输基础设施规划人员使用的可视化工具。

自定义: 用于3ds Max 2018改变用户界面及系统设置等。例如设置单位大小、自动备份等命令。

脚本: 提供了3ds Max 2018脚本语言的相关命令。

内容: 提供了3ds Max 2018内置的各种资源库。

Arnold(阿诺德渲染器): Arnold渲染器是在3ds Max 2018中首次加入的,替代了3ds Max默认的Mental Ray渲染器。

Help(帮助): 提供了3ds Max 2018的各种相关帮助信息。

2.1.2 工具栏

工具栏集合了3ds Max 2018最常用的编辑工具。默认情况下,某些工具图标的右下角有一个小三角图标,单击该图标会弹出该工具的下拉菜单,如图2-3所示。

图2-3

2.1.3 石墨建模工具集

石墨建模工具在3ds Max 2010之前只是一个插件,之后变成了内置的建模工具集,主要用于3ds Max中的多边形建模。其工具摆放的灵活性与布局的科学性大大增进了3ds Max的建模流程,如图2-4所示。

图2-4

2.1.4 场景资源管理器

场景资源管理器可以方便用户管理3ds Max 2018
的场景物体。例如可以查看、过滤、选择对象物体，还
可以用于重命名、删除、隐藏、冻结、修改对象物体的
层级，以及编辑对象物体的属性，如图2-5所示。

2.1.5 时间控制栏

时间控制栏包括时间滑块和时间轨迹栏两个部
分。时间滑块主要用于指定帧，3ds Max 2018默认
的帧数是100帧，具体的数值可以根据动画长度来进行
修改。时间轨迹栏主要用于显示帧数和编辑对象的关
键帧。例如移动、复制、删除关键帧等操作，如图2-6
所示。

图2-5

图2-6

2.1.6 动画控制栏

动画控制栏是用来控制动画的播放，以及对关键帧和时间的控制，如图2-7所示。

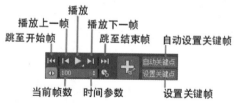

图2-7

2.1.7 视图导航栏

视图导航栏是用于视图的显示和导航，包括缩放视图、平移视图、旋转视图等，如图2-8
所示。

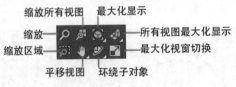

图2-8

2.1.8 命令面板栏

命令面板属于3ds Max 2018的核心面板，共由创建面板、修改面板、层次面板、运动面板、显示面板、程序面板6个用户界面面板组成，使用这些面板可以访问大多数建模功能、动画功能、显示功能，以及其他工具，如图2-9所示。

创建面板： 3ds Max 2018构建新场景的第一步，用于创建新的对象，共包含7种创建类别，分别是"几何体""图形""灯光""摄像机""辅助工具""空间扭曲对象"和"系统"。其中每一种创建类别中都包含几个不同的对象子类别。

修改面板： 可以对3ds Max 2018场景中的对象参数进行调节。

层次面板： 可以调整3ds Max 2018对象间的层次链接关系，包括轴、IK(反向动力学)和链接信息。

运动面板： 用来调整3ds Max 2018中对象的运动信息。

显示面板： 用来设置3ds Max 2018中对象的显示信息。

程序面板： 可以访问3ds Max 2018中提供的各种工具程序。

图2-9

2.1.9 视图工作区

视图工作区是3ds Max 2018完成各项工作的重要区域。在默认状态下打开3ds Max 2018，工作区共分了4个视图区域，分别是顶视图、前视图、左视图和透视图，如图2-10所示。

视图的基本操作方法是，键盘上的Alt键配合鼠标中键来组合使用。

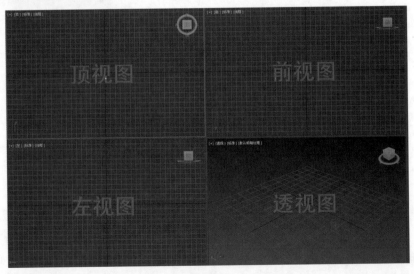

图2-10

旋转视图界面： 通过Alt+鼠标中键在工作区内拖动，可以进行当前摄像机角度的旋转。透视图适用，其他视图或非透视图不可用。

平移视图界面： 通过鼠标中键在工作区内拖动，可以对当前摄像机横向或者纵向移动。

推拉视图界面： 通过鼠标中键的滚轮轮动，可以对工作区内的摄像机进行推拉。滚轮向上滚动，摄像机拖进，工作区域放大；反之，滚轮向下滚动，摄像机拉远，工作区域缩小。

2.2　常用命令

3ds Max 2018的命令非常多，如果单靠死记硬背，那将是一件非常痛苦的事情。作为初学者，一定要先牢记常用的命令，对于其他命令也要分模块学习，并配合练习牢记。

2.2.1　项目文件的创建和管理

项目文件集合了所有3ds Max制作时所用到的文件信息，包括场景文件、模型文件、纹理贴图、声音文件、渲染文件等。在制作的过程中，场景所涉及的文件路径和目录都会保存在相应的项目文件的子文件夹内，方便3ds Max随时读取和我们调阅，项目文件夹的内容如图2-11所示。

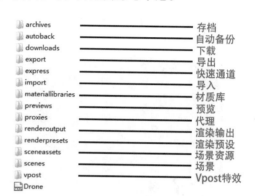

图2-11

创建新的项目文件的操作如下。

STEP 1 在计算机硬盘中确定好项目文件的位置，单击鼠标右键，新建一个文件夹，并为文件夹改好名字，例如"工程文件1"。

STEP 2 执行菜单"文件"/"设置项目文件夹"命令，在弹出的"浏览文件夹"对话框中找到新建的"工程文件1"，单击选择该文件夹，单击"确定"按钮，如图2-12和图2-13所示。

图2-12

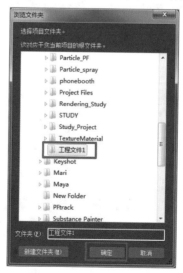

图2-13

STEP 3 创建完成项目文件后，我们会在刚才新建的项目文件夹内看到3ds Max 2018已经建立了若干个子文件夹，未来我们工作的素材都应保存在相对应的子项目文件夹内，如图2-14所示。

2.2.2 三维空间坐标轴

在视图工作区的每一个区域中都有两条黑线相交的点，这个相交的点就作为世界坐标轴的中心，三色坐标分别为视图空间定义了三个不同的轴向，即X(红色)、Y(绿色)、Z(蓝色)轴，如图2-15所示。

图2-14

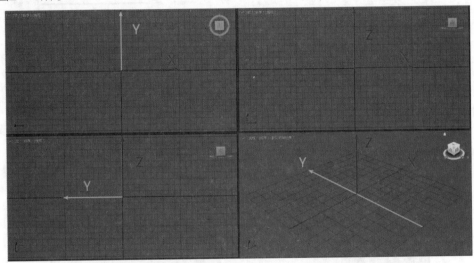

图2-15

在任何一个三维软件中，一个物体的位置都是由X、Y、Z轴的不同数值来定义的。X、Y、Z轴的交点位置为世界坐标轴的原点，用X=0、Y=0、Z=0 来标记，如图2-16所示。

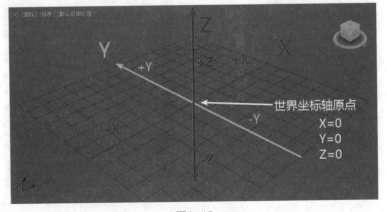

图2-16

X轴代表空间或者物体的长度。

Y轴代表空间或者物体的宽度。

Z轴代表空间或者物体的高度。

如果下面这个三维空间的每一个栅格为10cm，我们就可以判断出这个立方体是一个长、宽、高为20cm的正方体，而它在三维空间中的位置可以用X=10、Y=10、Z=0来表示，如图2-17所示。

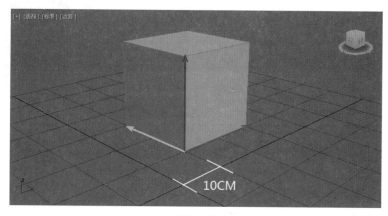

图2-17

2.2.3 坐标系

对于视图中的对象而言，要进行空间变换，首先要考虑的问题就是坐标系，因为不同的坐标系将直接影响坐标轴的方位，从而影响空间变换的效果。

在3ds Max 2018的工具栏中，共有以下几种坐标系统，如图2-18所示。

图2-18

不同的坐标系会有不同的空间标注效果，其中最为常用的有以下三种。

视图坐标系： 最常用的坐标系，也是3ds Max默认的坐标系。在正交视图中使用视图坐标系，在类似透视图这样的非正交视图中使用世界坐标系。

屏幕坐标系： 当不同的视窗被激活时，屏幕坐标系的各个轴发生变化，这样坐标系的X、Y平面始终平行于视图，而Z轴始终指向屏幕。

世界坐标系： 不管哪个视图被激活，X、Y、Z轴固定不变，X、Y总是平行于顶视图，Z轴则垂直于顶视图向上。

> **提 示**
>
> 每个视图左下角的坐标轴就是世界坐标系。

2.2.4 三种复制对象的方法

复制对象就是创建对象副本的过程，这些副本和原始对象具有相同的属性和参数。在3ds Max 2018中共有三种复制对象的方法，分别是克隆复制、镜像复制、阵列复制。

1. 使用克隆复制物体

在3ds Max 2018中共有两种克隆物体的方法，一种是执行菜单"编辑"/"克隆"命令，另一种是选择要克隆的物体，然后按住Shift键不放移动物体来执行克隆命令，弹出"克隆选项"对话框，如图2-19所示。

在"克隆选项"对话框中可以指定克隆对象的类型和数目。克隆共有三种类型，分别是"复制""实例"和"参考"。

图2-19

复制： 复制是克隆一个与原始对象完全无关的新对象，只不过对象的参数与原始对象的参数是一致的。

实例： 实例是克隆出来的对象与原始对象之间存在着一种关联关系。"实例"克隆的对象之间是通过参数和编辑修改器相关联的。例如，使用"实例"选项克隆出一个物体，如果选中原始物体改变其高度，被克隆出来的物体高度也随之改变。

参考： 用"参考"方式克隆出来的对象是单向的。当给原始物体应用编辑修改器，克隆的对象也随之应用编辑修改器，但如果给克隆出来的对象应用编辑修改器，原始对象却不受影响。

在"克隆选项"对话框中，"控制器"选项组只有在克隆对象中包含两个以上的树型连接时才被激活。它包括"复制"和"实例"两个选项，表明对象的控制器克隆的两种方式，意义与左边的同名选项相同。

2. 使用镜像复制物体

有许多的对象都具有对称性，所以在创建对象时可以只创建半个对象模型，然后利用镜像命令就可以得到整个对象模型。

镜像复制实例操作如下。

STEP 1 在"创建面板"的"几何体"子面板下选择"标准基本体"选项。单击"茶壶"按钮，在参数面板的"茶壶部件"选项组中只选择"壶盖"选项，如图2-20所示。

STEP 2 选择茶壶盖，执行菜单"工具"/"镜像"命令，在弹出的"镜像：世界坐标"对话框中，设置"镜像轴"为Z轴镜像，"偏移"为40，镜像类别为"复制"，单击"确定"按钮完成操作，如图2-21和图2-22所示。

图2-20

图2-21

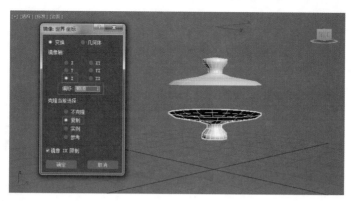

图2-22

3. 使用阵列复制物体

阵列复制命令可以同时复制多个相同的对象，并且复制的对象在空间上按照一定的顺序和形式排列。

"阵列"对话框中的"阵列变换"选项组用于控制形成阵列的变换方式，可以同时使用多种变换方式和变换轴。"对象类型"选项组用于设置复制对象的类型，这和"克隆选项"对话框相似。"阵列维度"选项组用于指定阵列的维度。

阵列复制实例操作如下。

STEP 1 在顶视图中创建一个长度、宽度、高度都为5cm的长方体。

STEP 2 执行菜单"工具"/"阵列"命令，在弹出的"阵列"对话框中设置如图2-23所示，单击"确定"按钮，效果如图2-24所示。

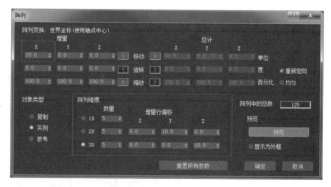

图2-23

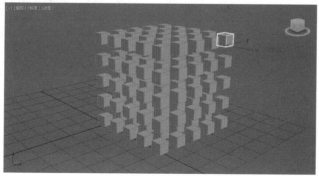

图2-24

2.2.5 组合对象

对于一个复杂的场景，需要将对象组合在一起构成新的对象，使编辑对象更为容易。组合而成的对象就像一个单独的物体，选定组合中的任何一个物体都将选定整个组合。

创建、分解和编辑组合的操作命令都位于"组"菜单，其中包括"组""解组""打开""关闭""附加""分离""炸开"和"集合"8个命令，如图2-25所示。

选定要成组的对象，执行菜单"组"/"组"命令，在弹出的"组"对话框中输入组的名称，然后单击"确定"按钮，即可将它们成组。如果要解组，只要选定组，然后执行菜单"组"/"解组"命令即可。

图2-25

当对组进行变换操作时，组合的对象将作为一个整体被移动、旋转或是缩放。执行菜单"组"/"打开"命令，即可单独选择组合中的对象。如果执行菜单"组"/"分离"命令，则可以将当前选定的物体从组合中分离出去。如果执行菜单"组"/"关闭"命令，可关闭组合对象。如果选定分离出来的对象，执行菜单"组"/"附加"命令，可将其重新组合到组中。

2.2.6 物体的对齐与捕捉

1. 对齐工具

使用对齐工具可以将一个对象对齐到另一个对象的中心、边缘等。3ds Max 2018的对齐工具共有5种方式，分别是对齐、法线对齐、放置高光点对齐、摄像机对齐、视图对齐。对齐的对象可以是几何体、网格、灯光、摄像机或空间扭曲工具等。

对齐工具实例操作如下。

STEP 1 在透视图中创建一个长方体和圆锥体，使用移动工具在顶视图、左视图和前视图中分别将两个物体进行移动操作，使它们在X、Y、Z三个轴向上都有各自的位置。

STEP 2 选择圆锥体，执行菜单"工具"/"对齐"/"对齐"命令，在视图中单击要对齐的长方体物体，在弹出的"对齐当前选择"对话框中进行参数设置，设置完成后单击"确定"按钮，如图2-26和图2-27所示。

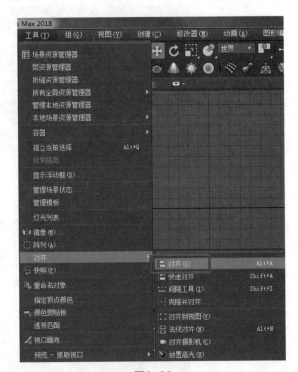

图2-26

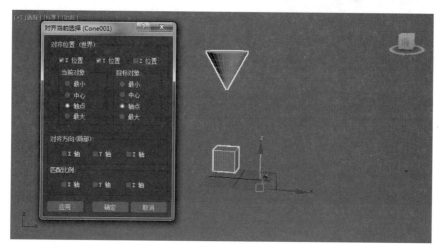

图2-27

对齐位置：用来选择在哪个轴向上对齐，可以选择X、Y、Z中的一个或者多个轴向。

最小：使用对象轴向上最小的边缘点作为对齐点。

中心：使用对象的中心作为对齐点。

轴点：使用对象的轴心点作为对齐点。

最大：使用对象的边缘点作为对齐点。

对齐方向：将当前对象的局部坐标轴方向改变为目标对象的局部坐标轴方向。

匹配比例：可以匹配两个选定对象之间的缩放轴的值。

2. 捕捉工具

3ds Max 2018的捕捉工具可以对移动、旋转、缩放进行捕捉，它们分别是捕捉工具(控制移动)、角度捕捉工具(控制旋转)、百分比捕捉工具(控制缩放)和微调捕捉工具，如图2-28所示。

图2-28

捕捉工具：使用捕捉工具可以在创建、移动、旋转和缩放对象时进行控制。默认的捕捉选项提供了12种捕捉方式，鼠标右键单击工具栏中的捕捉工具图标，即可打开"栅格和捕捉设置"对话框，如图2-29所示。

其中常用的有"栅格点""轴心""顶点""端点""中心"。

图2-29

捕捉工具共有三个维度的捕捉方式，分别是二维捕捉：只能捕捉二维平面上的点(只要应用在栅格上)。2.5维捕捉：可以捕捉空间中的任意一点，所得的结果只在当前的平面上(只要用于捕捉结构或捕捉根据网格得到的几何体)。三维捕捉：可以捕捉空间上的任意一点。

角度捕捉工具：使用角度捕捉工具可以用来指定捕捉的角度，激活角度捕捉工具后，角度捕捉将影响所有的旋转变换,默认情况下以5°为增量进行旋转。

百分比捕捉工具: 使用百分比捕捉工具可以将对象缩放捕捉到自定义的百分比,在缩放的状态下,默认每次的缩放百分比为10%,如图2-30所示。

图2-30

提 示

可以将"捕捉工具""角度捕捉工具"和"百分比捕捉工具"分别理解为位置捕捉、旋转捕捉和缩放捕捉。

2.2.7 改变物体中心

物体的轴心点是旋转、缩放、移动时所参照的中心点,也是大多数编辑修改器应用的中心。轴心点在创建物体时是默认创建的,并且通常创建在基于对象的中心。

使用普通的变换工具不能改变对象的轴心点,若要变换对象的轴心点,可以在选定对象的情况下,单击命令面板中的"层次"按钮,并且找到"轴"按钮。在"调整轴"选项下可以选择"仅影响轴""仅影响对象"和"仅影响层次"三种方式对轴心点进行调整,如图2-31所示。

图2-31

第 3 章

基 础 建 模

本章将介绍3ds Max几种不同建模方法的特点及其各自的优势和不足，着重介绍如何使用3ds Max提供的基础几何形体模型，经过稍加编辑后，进行搭建模型的方法。在现实世界中，许多看起来复杂的模型实际上都可以用这种搭建的方式来完成。

3.1 建模方法总论

在三维动画制作的过程中，模型制作是一切的前提和基础。没有模型，就好比拍电影没有演员和道具，什么都谈不上。3ds Max的建模功能是十分强大，上手也比较容易。本章所涉及的基础建模的方法都是需要重点掌握的。其实基础的东西主要学习的是三维软件的知识，到了高级阶段则主要学习的是思考问题、解决问题的方法，当然必须要多多练习才能真正地掌握这些工具的应用。

3ds Max的建模工具与方式有很多，例如基础几何形体建模、二维图形建模、多边形建模、面片建模、NURBS建模等。这其中每种建模方式都有自己的优势和不足，我们首先要掌握其特点和适用对象，选择最适合、最方便的建模方法来开展工作。

3.1.1 基础几何体建模

利用基本的几何形体建模是最基础也是最常见的一种建模方法。3ds Max 2018为我们提供了10种基本的几何形体，创建的方法也是十分简单，利用鼠标在场景中拖曳或者键盘直接输出即可。每种几何形体都有各自的参数，调整这些参数即可控制这些几何形体的形态，然后通过堆栈的方式搭建出我们想要的模型。从理论上说，任何复杂的物体都可以拆分成若干个基础模型，反之多个基础模型也可以形成任何复杂的物体模型。通过简单的参数调整，例如大小、比例、位置、弯曲、扭曲、变形等，最终得到我们想要的模型，3ds Max 2018的基础几何体模型如图3-1所示。

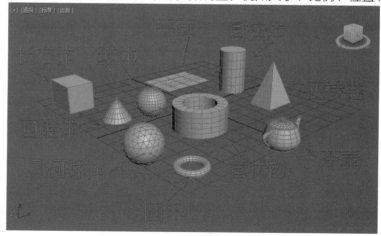

图3-1

3.1.2 二维图形建模

二维图形是指由一条或者多条样条线组成的对象。3ds Max 2018共包含三种类型的样条线，分别是"样条线""NURBS曲线(非均匀有理B样条曲线)""扩展样条线"。这些样条线被广泛应用在创建复合物体和面片模型中。样条线可以作为几何图形直接渲染输出，还可以通过"挤出""旋转""斜切"等编辑命令进行再次塑造，使二维图形直接转换成三维模型。

二维图形建模就是充分利用了样条线强大的可塑性和富于变化的形态，并结合其自身的可渲染性以及专属的样条线修改器命令来完成模型形体的塑造，是一种高效率的建模方式，三种不同类型的样条线和利用二维图形完成的模型如图3-2和图3-3所示。

图3-2   图3-3

3.1.3 面片建模

面片建模是在多边形模型的基础上发展而来的，它解决了多边形表面不易进行平滑编辑的难题，采用曲线的方式编辑模型的表面。多边形的边只能是直线，而面片的边却可以是曲线，因此多边形模型中单独的面只能是平面，而面片模型的面却可以是曲面，面片建模的优点是可以用较少的细节表现出很光滑的物体表面或表面褶皱，多边形模型和面片模型的区别如图3-4所示。

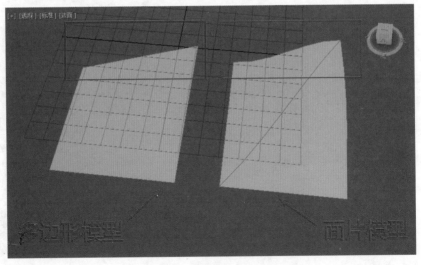

图3-4

3.1.4 NURBS建模

NURBS(原名为Non-Uniform Rational B-Splines，非均匀有理B样条曲线)，它是一种非常优秀的建模方式，NURBS使用数学函数来定义曲线和曲面，自动计算出表面的精度。相对于面片建模，NURBS可以使用更少的控制点来表现出相同的曲线。但由于曲面的表现是由曲面的算法来决定的，而NURBS曲线函数相对较高级，因此相对于传统的多边形建模来讲，运算相对要慢一些，NURBS曲面模型如图3-5所示。

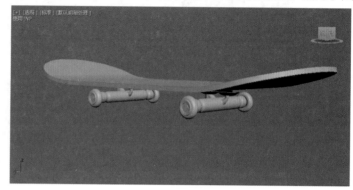

图3-5

3.1.5 多边形建模

多边形建模是最为传统和应用最为广泛的一种建模方式。3ds Max 2018的多边形建模方式更为简单，并且在整个建模流程中有更大的想象空间和修改余地，所以非常适合初学者学习。3ds Max 2018共有两种多边形的种类，分别是"可编辑网格"和"可编辑多边形"。

可编辑网格: 是3ds Max最基本最稳定的建模方法，占用的资源最少，运行的速度最快，即便是在较少面数的情况下也可以制作复杂的模型。它针对三维对象的各个组成部分(顶点、边、面)进行修改和编辑。其中涉及的主要技术是推拉物体表面来构建基本模型，再通过增加平滑网格修改器对物体表面进行平滑和精度的提高。这种方法大量使用点、边、面的编辑操作，对空间控制能力要求较高，适合创建复杂的模型。

可编辑多边形: 是目前三维软件中最流行的一种建模方法，是在可编辑网格的基础上发展起来的一种多边形建模技术。与编辑网格非常相似，可编辑多边形是一组由顶点和顶点之间的有序边所构成的N边形。多边形是面的集合，比较适合建立结构穿插关系很复杂的模型。编辑多边形和编辑网格的参数面板基本相同，但是编辑多边形更适合模型的构建，多边形模型如图3-6和图3-7所示。

图3-6

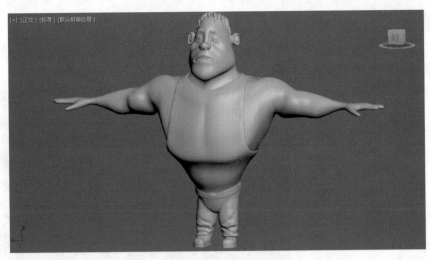

图3-7

3.2 基础几何体建模

在正式开始学习建模之前，首先要厘清我们的建模思路。在现实世界中，许多看似复杂的物体大都是由许许多多简单的几何形体搭建而成，例如这张茶几，它主要是由长方体、圆柱体和球体这三个简单的几何形体搭建出来的，如图3-8所示。

这些简单的几何形体在3ds Max 2018中被称为"标准几何体"。它们的用途十分广泛，而且创建也非常简单，只需要拖动鼠标，或者用键盘直接输入参数即可。标准几何体按照创建步骤可分为三类。

第一类(一次成型物体)：拖动鼠标一次创建完成，包括球体、茶壶、几何球体、平面。

图3-8

第二类(两次成型物体)：拖动鼠标两次创建完成，包括长方体、圆柱体、圆环、四棱锥。

第三类(三次成型物体)：拖动鼠标三次创建完成，包括圆锥体、管状体。

3.2.1 长方体

长方体属于两次成型的几何形体，是建模中最常用的几何形体之一。现实中与长方体接近的物体有很多，可以直接使用长方体创建出很多模型，例如3.3节的案例茶几，它的桌面就是用长方体建立出来的。长方体的参数也很简单。

长方体创建实例操作如下。

STEP 1 在"创建面板"的"几何体"子面板下选择"标准基本体"选项。单击"长方体"按钮，在透视图中按住鼠标左键不放并拖曳出长方体的长度和宽度，松开鼠标并上下拖动出长方体的高度。当完成创建后单击鼠标右键退出操作，如图3-9和图3-10所示。

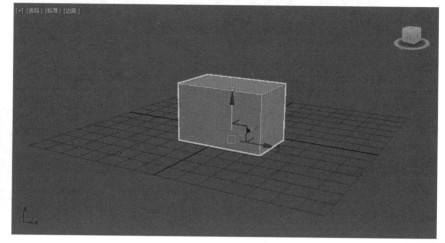

图3-9   图3-10

在创建长方体时按住键盘上的Ctrl键，可以创建出一个正方体。

STEP 2 选择长方体模型，单击"修改"按钮，进入修改面板。单击"颜色"按钮，对创建出的长方体修改颜色，长方体的参数面板如图3-11和图3-12所示。

长度、宽度、高度： 设置长方体的长度、宽度和高度。

长度分段、宽度分段、高度分段： 设置沿着对象每个轴的分段数量。

生成贴图坐标： 生成将贴图材质应用于长方体的坐标。默认设置为启用。

真实世界贴图大小： 控制应用于该对象的纹理贴图材质所使用的缩放方法。

图3-11   图3-12

3.2.2 圆柱体

圆柱体也是属于两次成型的几何形体，它在现实世界中也很常见，在3.3节的案例中，茶几的桌腿就是圆柱体所创建的。圆柱体的创建方法基本上和长方体一致，但其参数要比长方体多一些，如图3-13示。

半径： 设置圆柱体的半径值。

高度： 设置沿着中心轴的长度。负值将在构建平面下面创建圆柱体。

高度分段： 设置沿着圆柱体主轴的分段数量。

端面分段： 设置围绕圆柱体顶部和底部的中心分段数量。

边数： 设置圆柱体周围的边数。

图3-13

平滑： 启用"平滑"时，将着色和渲染为真正的圆；禁用"平滑"时，将创建规则的多边形对象。默认设置为启用状态，"平滑"启用与禁用的区别如图3-14所示。

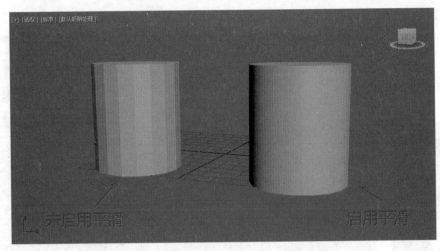

图3-14

启用切片：启用"切片"功能，默认设置为禁用状态。

切片起始位置、切片结束位置：设置从局部X轴的零点开始围绕局部Z轴的度数。默认参数都是0.0。正数值将按照逆时针切片的末端移动，负数值将按照顺时针移动。

生成贴图坐标：生成将贴图材质用于圆柱体的坐标。默认设置为启用。

真实世界贴图大小：以真实的世界尺寸大小来赋予模型贴图。默认设置为禁用状态。

3.2.3 球体和几何球体

球体和几何球体都属于一次成型物体，能够完成完整的球体、半球体或球体的其他部分，还可以围绕球体的垂直轴对其进行切片操作。球体和几何球体的参数如图3-15至图3-17所示。

球体
图3-15

几何球体
图3-16

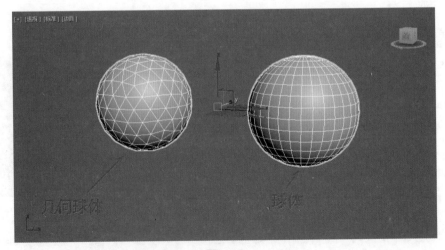

图3-17

球体的参数解释如下。

半径： 设置球体的半径大小。

分段： 设置球体的平滑程度，段数越多越平滑，反之亦然。

平滑： 默认为勾选状态。若取消勾选，球体的表面会以面片的方式显示。

半球： 从球体的底部切断球体，以创建部分球体。其范围从0.0~1.0，默认值为0.0。

切除： 半球断开时，将球体的顶点数和面数"切除"来减少它们的数量。

挤压： 半球断开时，保持原始球体的顶点数和面数，将几何体向着球体的顶部"挤压"成为越来越小的体积。

启用切片： 启用"切片"功能，默认设置为禁用状态。

切片起始位置、切片结束位置： 设置从局部X轴的零点开始围绕局部Z轴的度数。默认值都是0.0。正数将按照逆时针切片的末端移动，负数将按照顺时针移动。

轴心在底部： 禁用此选项，球体的轴心点将位于球体的中心。启用此选项，球体的轴心点将沿着其局部坐标Z轴向上移动，轴点位于其底部位置。默认设置为禁用状态。

生成贴图坐标： 生成将贴图材质用于球体的坐标。默认设置为启用。

真实世界贴图大小： 以真实的世界尺寸大小来赋予模型贴图。默认设置为禁用状态。

几何球体的参数解释如下。

半径： 设置球体或几何球体的半径大小。

分段： 设置球体或几何球体的平滑程度，段数越多越平滑，反之亦然。

基本面类型： 选择几何球体表面的基本组成单位类型，可供选择的有"四面体""八面体""二十面体"。默认设置为"二十面体"状态。

半球： 从球体的底部切断球体，以创建部分球体。

轴心在底部： 禁用此选项，球体的轴心点将位于球体的中心上。启用此选项，球体的轴心点将沿着其局部坐标Z轴向上移动，轴点位于其底部位置。默认设置为禁用状态。

生成贴图坐标： 生成将贴图材质用于球体的坐标。默认设置为启用。

真实世界贴图大小： 以真实的世界尺寸大小来赋予模型贴图。默认设置为禁用状态。

3.3　基础几何体建模实例：茶几

1. 制作思路

养成一个良好的制作习惯，可以实地测量一个茶几的尺寸，并绘制参考图片。用归纳的方法来观察茶几，把它大致分为几个简单的几何形体，并做到心中有数。

利用标准基本几何体模型像搭积木一样搭建茶几的基本结构。在这一过程中不要拘泥太多的细节，应从整体的结构入手。

对称的结构可以使用镜像复制的方法来制作，例如桌腿等。

2. 制作步骤

STEP 1 启动3ds Max 2018，执行菜单"自定义"/"单位设置"命令，弹出"单位设置"对话框，在"显示单位比例"选项组中设置"公制"为"毫米"，如图3-18所示。

图3-18

STEP 2 单击"创建"/"标准基本体"/"长方体"按钮，在顶视图中单击并拖动鼠标创建一个长方体，来制作茶几桌面。在"名称和颜色"卷展栏中将名称改为"桌面"。单击"修改"按钮，进入修改面板，设置"长度"为1350mm，"宽度"为600mm，"高度"为10mm，如图3-19和图3-20所示。

图3-19　　　　　图3-20

提 示

　将物体改为我们熟悉的名字是制作的好习惯，这样在后面的制作过程中我们就可以很轻松地按名称进行选择了。

STEP 3 单击"创建"/"标准基本体"/"圆柱体"按钮，在顶视图中创建一个圆柱体，利用移动工具将桌腿移动到大约靠近桌角的位置。在"名称和颜色"卷展栏中把名称改为"桌腿"。进入修改面板，设置"半径"为25mm，"高度"为450mm，"端面分段"为2，如图3-21和图3-22所示。

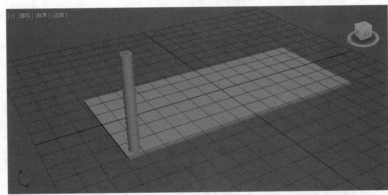

图3-21　　　　　　　　　　　图3-22

STEP 4 选择桌面模型，执行菜单"工具"/"对齐"命令，在透视图中再选择桌腿模型，在弹出的"对齐当前选择"对话框中调整"对齐位置"参数，如图3-23和图3-24所示。

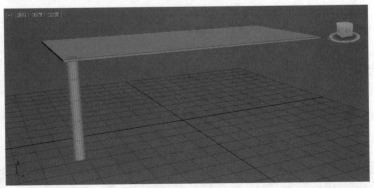

图3-23　　　　　　　　　　　图3-24

STEP 5 选择桌腿模型，在工具栏中将"使用轴点中心"模式切换到"使用变换坐标中心"模式。切换后，桌腿模型的坐标轴会自动移动到世界坐标轴的中心位置，如图3-25和图3-26所示。

图3-25

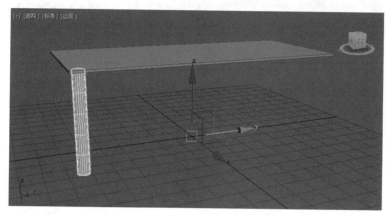

图3-26

STEP 6 选择桌腿模型，执行菜单"工具"/"镜像"命令，或单击工具栏中的"镜像"按钮，在弹出的"镜像：世界坐标"对话框中设置"镜像轴"为Y轴镜像，并选择"复制"选项，如图3-27和图3-28所示。

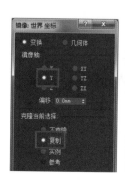

图3-27

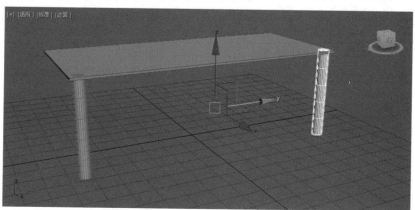

图3-28

STEP 7 利用"镜像"命令把剩下的两个桌腿模型镜像复制出来，效果如图3-29所示。

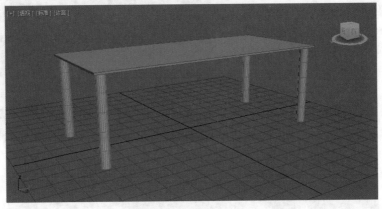

图3-29

提 示

实际上我们还有很多种方法能够得到以上的效果，但基本思路都是利用物体的坐标轴去进行复制操作。

STEP 8 选择桌面模型，切换到移动工具，按住Shift键的同时沿着Z轴向下推动，复制出茶几的下一个桌面，如图3-30和图3-31所示。

图3-30

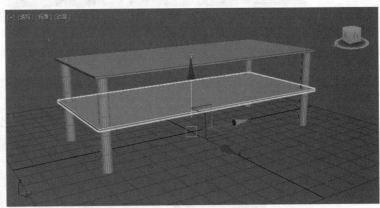

图3-31

STEP 9 创建出一个球体模型，将其命名为桌腿细节。进入修改面板，设置球体"半径"为35mm。选择球体模型，执行菜单"工具"/"对齐"命令，在透视图中再选择其中一个桌腿模型，在弹出的"对齐当前选择"对话框中设置参数，如图3-32和图3-33所示。

图3-32

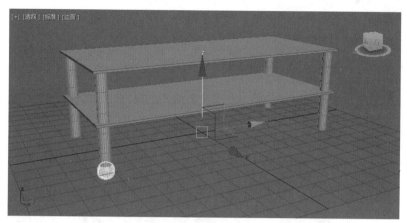

图3-33

STEP 10 将球体模型移动到合适的位置，利用"镜像"命令将茶几模型的形态做好，并将场景文件保存，最终效果如图3-34所示。

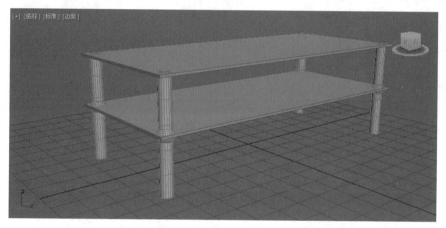

图3-34

3.4 扩展基本体建模

在前面我们讲述了运用3ds Max 2018标准基本体搭建模型的方法和应用。但是如果我们想要制作一些带有倒角或者特殊形状的模型，那么可以通过"扩展基本体"来完成。"扩展基本体"和"标准基本体"相比，其造型结构要相对复杂一些，我们可以把它当成"标准基本体"的一个补充。

在创建面板中单击"标准基本体"右侧的下三角按钮，从弹出的下拉列表中选择"扩展基本体"选项，会弹出扩展基本体的创建面板，此面板结构与标准基本体的创建面板结构一致，如图3-35和图3-36所示。

图3-35

图3-36

在"扩展基本体"中我们经常会用到"切角长方体"和"切角圆柱体",下面将介绍它们的用途和参数。

3.4.1 切角长方体

切角长方体属于三次成型的物体,用来创建带有倒角的立方体及各种变形物体。切角长方体的参数面板如图3-37所示。

长度、宽度、高度: 与长方体的参数一致。

圆角: 决定切角长方体圆角半径的大小。数值越大,圆角越大,当数值为0时,就变成了没有倒角的长方体,如图3-38所示。

图3-37

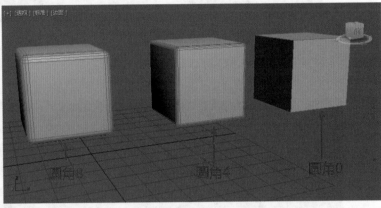

图3-38

圆角分段: 决定切角长方体圆角半径的圆滑程度,默认的段数为3,但必须勾选下面的"平滑"选项,如不勾选就变成了直角,如图3-39所示。

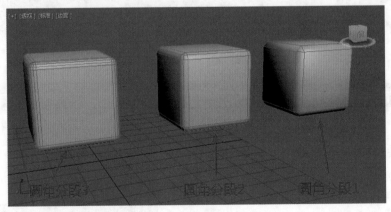

图3-39

3.4.2 切角圆柱体

切角圆柱体属于三次成型的物体,用来创建带有切角或直角的圆柱体及各种变形物体。切角圆柱体的参数面板如图3-40所示。

半径、高度: 与圆柱体的参数一致。

圆角: 决定切角圆柱体圆角半径的大小。数值越大,圆角越大,当数值为0时,就变成了圆柱体，如图3-41所示。

图3-40

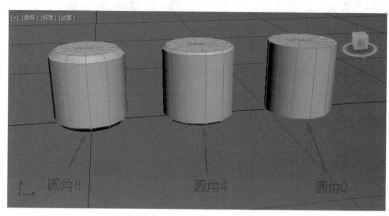

图3-41

圆角分段： 决定切角圆柱体圆角半径的圆滑程度，如图3-42所示。

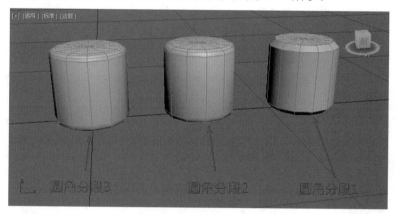

图3-42

端面分段： 决定切角圆柱体两底面沿半径轴的片段划分数，如图3-43所示。

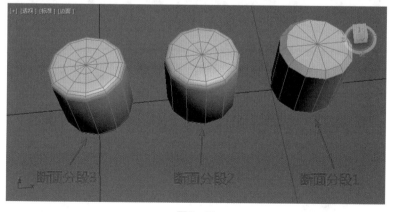

图3-43

| 3.5 扩展基本体建模实例：沙发 🔍 ➜

1. 制作思路

这个实例的制作原理基本同茶几相似，利用简单的扩展基本体来搭建一个简易的单人沙发模型。

2. 制作步骤

图3-44

STEP 1 ▶ 启动3ds Max 2018，设置"单位"为"毫米"。单击"创建"/"扩展基本体"/"切角长方体"按钮，在任意视图中拖曳出一个切角长方体。进入修改面板，设置"长度""宽度"为600mm，"高度"为130mm，"圆角"为20mm，"圆角分段"为3，并改名为"沙发垫_01"，如图3-44所示。

STEP 2 ▶ 选择"沙发垫_01"，切换到移动工具，沿着Z轴向上移动并复制一个新的模型，并将它改名为"沙发垫_02"，进入"沙发垫_02"的修改面板，设置"圆角"为30mm。

STEP 3 ▶ 利用"对齐"命令将"沙发垫_02"与"沙发垫_01"进行对齐操作，如图3-45和图3-46所示。

图3-45

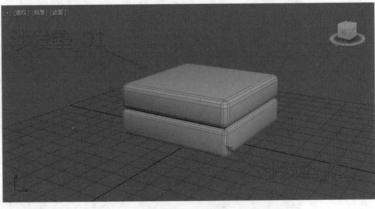

图3-46

STEP 4 ▶ 创建一个新的切角长方体，设置"长度"为720mm，"宽度"为120mm，"高度"为470mm，"圆角"为20mm，并改名为"扶手_左边"。将"扶手_左边"复制，并改名为"扶手_右边"，切换到移动工具，分别调整它们的位置，如图3-47所示。

图3-47

STEP 5 继续创建一个切角长方体，设置"长度"为600mm，"宽度"为120mm，"高度"为470mm，"圆角"为20mm，并改名为"沙发_背部"。利用移动工具将其移动到沙发的背面，如图3-48所示。

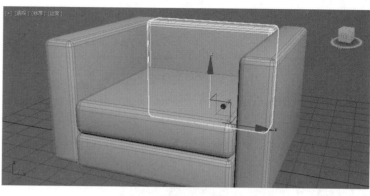

图3-48

STEP 6 选择"靠垫_背部"，将其复制，并改名为"沙发_靠垫"。使用移动工具和旋转工具将其调整到沙发靠垫的位置，如图3-49所示。

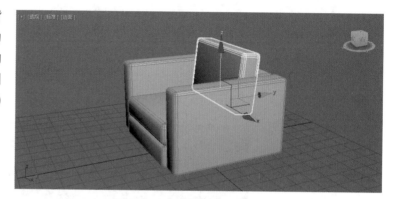

图3-49

STEP 7 最后再创建一个切角圆柱体，设置"半径"为20mm，"高度"为80mm，"圆角"为2mm，并改名为"沙发脚"。利用移动和镜像复制命令来制作沙发的脚，最终效果如图3-50所示。

图3-50

3.6　二维图形建模

在3ds Max 2018的建模工作中，二维图形的使用频率是非常高的，它不仅可以通过设置渲染物体的参数而被渲染出来，还可以通过一些命令来生成三维模型。实际上，基础几何体虽然可以用来创建一些简单的三维造型，但是复杂一点的三维模型就需要借助二维图形来绘制编辑了。但是我们需要明白，这些绘制出来的图形毕竟是属于二维的，想要制作出复杂的三维模型还需要为它施加一些编辑命令，只有这样才能得到我们想要的三维模型。

二维图形的创建位于"创建面板"的"图形"子面板。在"图形"下拉列表中提供了"样条线""NURBS曲线""扩展样条线"、CFD和Max Creation Graph 5种类型的二维图形，如图3-51所示。

样条线是一种矢量图形，并以一条独立的线存在。除了3ds Max 2018为我们提供的12种类型的样条线以外，还可以利用其他矢量软件来绘制更为特殊的图形，并导入3ds Max 2018来使用。样条线共有三种形态，分别是闭合曲线、非闭合曲线和复合曲线。样条线共有12种类型，如图3-52所示。

图3-51

3.6.1 创建线型样条线

使用线型样条线可以绘制出任何形状的闭合或者非闭合的直线、连接线和曲线。在"创建面板"的"图形"子面板下选择"样条线"选项。单击"线"按钮，在"创建方法"卷展栏中设置"初始类型"和"拖动类型"参数后，在顶视图中进行单击和拖动等操作，即可创建线型样条线，如图3-53和图3-54所示。

图3-52

图3-53

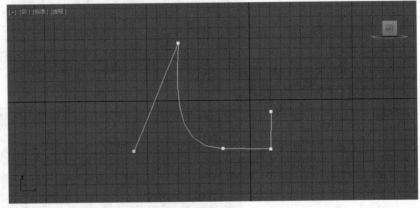

图3-54

① 在此位置单击鼠标左键确定曲线的起始点。
② 在此位置继续单击鼠标左键创建一条直线。
③ 在此位置单击鼠标左键，然后拖动鼠标创建一条曲线。
④ 在此位置继续单击鼠标左键创建一条直线。
⑤ 在此位置单击鼠标左键后单击鼠标右键，完成曲线的创建。

> **提 示**
>
> 在"线"按钮的"创建方法"卷展栏中，"初始类型"决定了在创建"线"时，单击鼠标创建的顶点类型，"拖动类型"决定了单击拖动鼠标的顶点类型。曲线的顶点有平滑、角点、Bezier角点三种类型。

选择样条线，进入样条线的修改面板中，可以对样条线进行更加详细的编辑操作。

3.6.2　编辑线型样条线

在样条线被创建后，一般情况下需要将其转换成"可编辑样条线"进行编辑操作。将样条线转换成可编辑样条线的方法有两种：一种方法是选择曲线并在任意视图中单击鼠标右键，在弹出的快捷菜单中选择"转换为"/"转换为可编辑样条线"命令。通过此方法曲线原有的参数将被删除，因此不能再通过修改参数来编辑原始曲线。另一种方法是为曲线添加"编辑样条线"修改器命令。此方法不会删除曲线原有参数，如图3-55和图3-56所示。

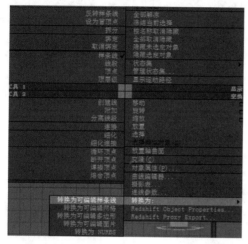

图3-55

图3-56

> **提　示**
>
> 添加修改器命令将在第4章多边形建模中详细介绍。

将曲线转换为可编辑样条线后，就可以对其进一步编辑，可编辑样条线包括三个层级的编辑和修改，分别是"顶点""线段"和"样条线"。其中"顶点"是二维图形的最低级别，"线段"为中间级别，"样条线"为最高级别，如图3-57所示。

图3-57

3.6.3　样条线的顶点层级

样条线的顶点在视图中显示为白色块或者黄色块。这些顶点相当于线的焊接点。顶点是样条线的基本元素，是二维图形编辑的基础。用鼠标右键单击样条线的任意顶点，在弹出的快捷菜单中可以看出顶点共有4种类型供用户选择，如图3-58和图3-59所示。

Bezier(贝塞尔)角点： 提供两根调整杆，可以随意更改其方向以产生所需要的角度。

Bezier： 提供一对角度调整杆，当调整一侧调整杆时另一侧会相应调节。

角点： 强制把顶点两边的线段变成任何角度的直线。

平滑： 强制把顶点两边的线段变成圆滑角度的曲线。

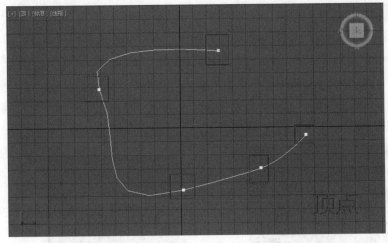

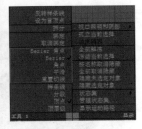

图3-58   图3-59

在修改面板中单击样条线顶点层级，常用的编辑命令如图3-60至图3-62所示。

图3-60   图3-61   图3-62

断开： 在选定的一个或者多个顶点之间拆分线段。可以选择一个或者多个顶点同时进行操作。

优化： "优化"命令可以任意添加顶点而不更改样条线的曲率值。单击"优化"按钮，然后单击需要添加顶点的样条线线段，就完成了顶点的添加。

焊接： 将同一样条线中的两个相邻顶点转换为一个顶点。选择两个顶点，单击"焊接"按钮，即可实现两点的焊接。如果未能正确焊接，可增加焊接阈值。

连接： 连接两个顶点并在两个顶点之间生成一条新的线段。单击"连接"按钮，将鼠标移动到某个顶点后，按住鼠标左键的同时拖曳鼠标至目标顶点上，即可实现连接操作。

插入： 插入一个或者多个顶点，以创建其他线段。单击"插入"按钮，在线段中的任意位置单击，单击鼠标右键完成此命令。

设置首顶点： 指定样条线中哪一个顶点为第一个顶点。

切角： 设置样条线上某个顶点的切角角度。可以通过拖动鼠标或者使用微调器来完成切角命令。选中需要设置切角的顶点，单击"切角"按钮，然后在微调器中设置数值，即可实现切角效果。

圆角： 与"切角"效果相似，可以为样条线上的顶点设置圆角效果。

熔合： 将所有选定的顶点移至它们的平均中心位置。

3.6.4 样条线的线段层级

线段是指样条线中两个顶点之间的线，线段可以是直线，也可以是曲线，如图3-63所示。在修改面板中单击样条线线段层级，常用的编辑命令如图3-64和图3-65所示。

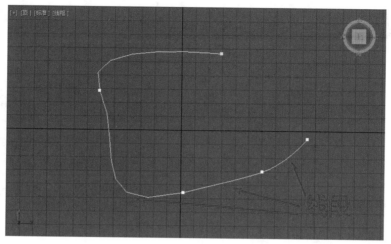

图3-63

删除： 删除样条线中任何选定的线段。

拆分： 用于细化选择的线段或在线段上添加指定数目的顶点。

分离： 可以从样条线中分离或者复制线段，有三个可用选项。"同一图形"：使分离的线段保留为形状的一部分，不生成新的形状。"重定向"：分离的线段会复制源对象的局部坐标系位置和方向，新生成的线段位置会产生移动。"复制"：复制分离线段，分离出的线段位置不会产生移动。

图3-64

图3-65

3.6.5 样条线层级

样条线是指一条独立的线，可以选择一条或者多条样条线，可以进行移动、旋转、缩放的编辑操作。样条线共有三种形态，分别是闭合曲线、非闭合曲线和复合曲线。

在修改面板中单击样条线层级，常用的编辑命令如图3-66和图3-67所示。

轮廓： 制作样条线的副本。单击"轮廓"按钮，使用鼠标左键在选定的样条线上进行拖曳后，就会生成一条新的样条线。

图3-66

图3-67

镜像： 按照对称的方式使样条线产生水平、垂直，或者水平垂直镜像。

布尔： 可以在两条以上的样条线之间进行相加、相减和相交的计算，从而得到一条新的样条线图形。

3.7 二维图形建模实例：推拉小车 🔍

1. 制作思路

根据模型参考图创建样条线。

对样条线进行编辑等再造型操作。

设置样条线的渲染属性。

2. 制作步骤

STEP 1 启动3ds Max 2018 ，设置单位为毫米。在创建面板中使用"键盘输入"的方法，创建一个"长度"为400mm、"宽度"为600mm的矩形图形，如图3-68至图3-70所示。

图3-68

图3-69

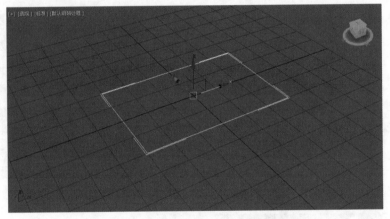

图3-70

提 示

使用"键盘输入"的方式创建物体，其初始位置会在世界坐标轴的正中心。

STEP 2 使用创建"线"工具在左视图中绘制一条曲线，并将该曲线转换成"可编辑样条线"，如图3-71和图3-72所示。

提 示

可以利用"捕捉"工具将绘制的曲线点吸附在栅格上。

STEP 3 切换至修改面板，进入样条线的顶点层级，选择曲线最上面的两个顶点，设置"圆角"为80，如图3-73和图3-74所示。

图3-71

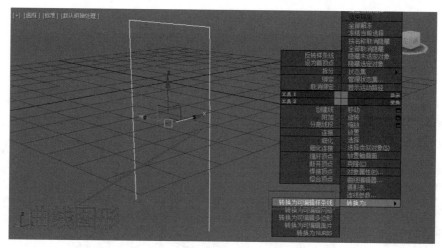

图3-72

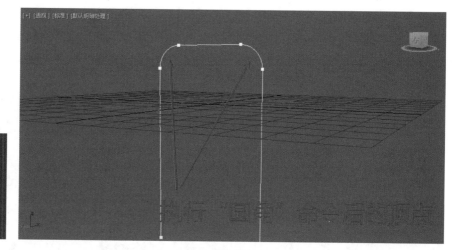

图3-73   图3-74

STEP 4 利用"对齐"命令将圆角曲线与矩形进行对齐操作，如图3-75和图3-76所示。

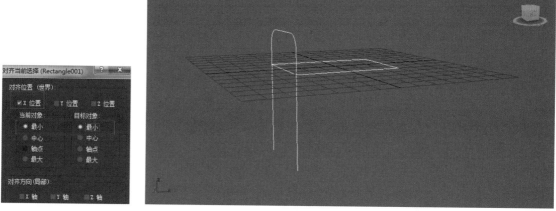

图3-75   图3-76

STEP 5 利用"镜像"命令将圆角曲线进行镜像复制操作，如图3-77和图3-78所示。

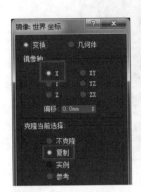

图3-77

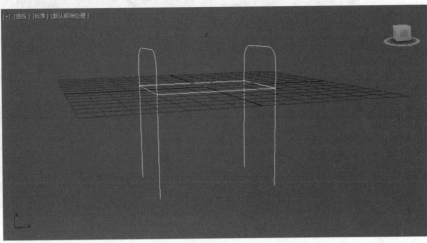

图3-78

STEP 6 分别选择这三条曲线，在修改面板的"渲染"卷展栏中勾选"在渲染中启用"和"在视口中启用"选项，这样可以查看曲线生成三维模型后的效果，设置"厚度"选项可以增大或者缩小三维模型的直径，如图3-79和图3-80所示。

图3-79

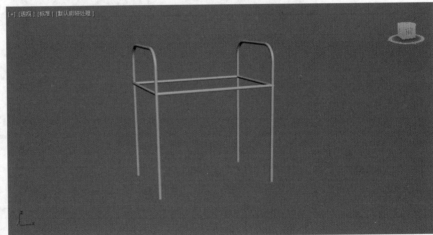

图3-80

提 示

可以随时启用或关闭"渲染"选项。

STEP 7 利用创建"线"工具在前视图中绘制一条直线，来制作小推车的铁栏部分。并利用"对齐"和"镜像"命令进行操作，如图3-81所示。

STEP 8 在左视图中继续绘制曲线，并对其进行圆角处理，如图3-82所示。

STEP 9 选择曲线，执行菜单"工具"/"阵列"命令，设置阵列参数，如图3-83和图3-84所示。

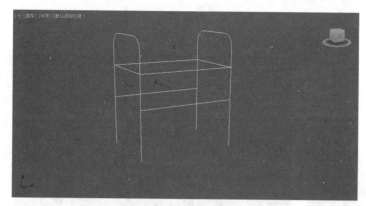

图3-81

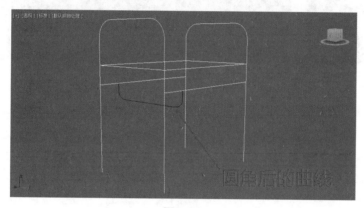

图3-82

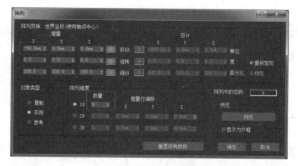

图3-83

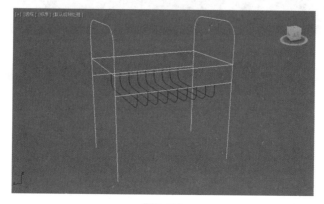

图3-84

STEP 10 选择铁栏部分的所有部件，沿Z轴向下方复制出一组。在弹出的"克隆选项"对话框中选择"实例"方式，如图3-85和图3-86所示。

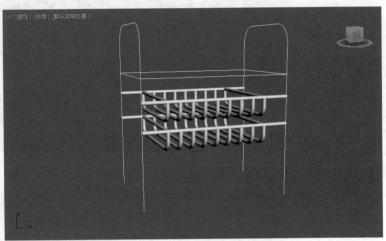

图3-85   图3-86

> **提 示**
>
> 　　使用"实例"的方式克隆物体，被克隆出的物体会继承原始物体的变换属性，因为我们一会要启用"渲染"选项，如果一个个勾选会很麻烦。

STEP 11 最后在顶视图中再创建一个长方体，设置长方体的"长度"为400mm、"宽度"为600mm、"高度"为5mm，最终效果如图3-87所示。

图3-87

3. 制作总结

　　在上面的几个实例中应用到了改变物体的坐标轴、镜像、克隆、对齐等命令。这些命令不仅在3ds Max 2018中是最常用的命令，在其他的三维软件中也是最常用的命令，就像在本书开始的时候讲到的，我们学习就要先学习最常用的命令，在掌握了原理以后，把这些命令融会贯通，到时你就会发现三维软件并不像想象得那么复杂。

第 4 章

多边形建模

在第3章讨论过一些当下主流三维软件的建模方法，其中多边形建模无疑是人们最为喜欢的建模方法之一。多边形模型是由无数个三角形的面来组合而成的，通过巧妙地组合和排列这些三角面可以组成复杂丰富的形体。而且多边形建模的应用领域很广，实际上几乎没有多少造型是多边形不能模拟的，通过创建编辑足够多的细节，可以轻松地制作任何造型。多边形模型操作起来也非常灵活，可控性很强，可以一边做一边修改。本章将由浅入深地讲述3ds Max 2018的多边形建模技术。

4.1 多边形建模的一般流程

一般来说，多边形建模是从一个简单的几何形体模型开始，然后不断地添加边、点和面，并调节它们在三维空间的位置，最后对模型进行光滑处理，直到达到满意的效果为止。具体可分为下面几个步骤。

STEP 1 先从一个长方体开始，确定长、宽、高的大致比例，并且确定长、宽、高的段数。如果创建的模型是对称的，例如一个角色的头部模型，那么只需要创建一半的头部模型，另外的一半可以通过镜像复制来产生。

STEP 2 创建长方体是为了获得更大的编辑空间，我们可以通过使用鼠标右键里的转换命令，将长方体转换为可编辑的多边形或者可编辑网格，并通过长方体的子对象级别，例如点、边、边界边、面等元素，对多边形进行二次编辑。

STEP 3 在对多边形进行编辑和造型后，为了能即时地看到光滑后的模型，往往还要使用一些细分或者网格平滑等命令，对模型进行光滑处理，以达到最终满意的造型。

以上便是多边形建模的基本流程，即使再复杂的形体，使用这种方法都可以化繁为简，将它们塑造出来。

4.2 多边形建模的常用命令

多边形建模的命令都是针对多边形的点、边、面三种子对象进行编辑的。只要将几何体转换成可编辑多边形，即可对这三种类型的子对象进行编辑。

在视图中选择几何体，单击鼠标右键，在弹出的菜单中选择"转换为"/"转换为可编辑多边形"命令，如图4-1和图4-2所示。

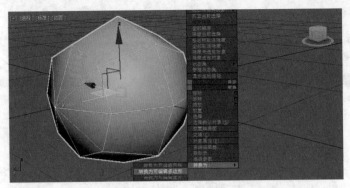

图4-1

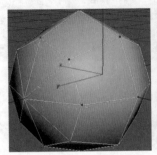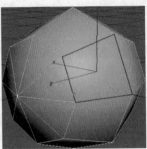

点子层级   边子层级   面子层级

图4-2

4.2.1 点子层级下的常用命令

点是分布在三维空间里多边形物体的顶点，是多边形物体的最基本单位。

移除： 删除当前被选中的点，当点被删除后，凡是使用这个点的多边形的面也同时被删除。此命令多是用来清除无用多余的点，或者删除相关的多边形。

焊接、目标焊接： 两个命令的原理基本一样，可以将一定距离内的两个点进行焊接合并操作，使之成为一个点。

断开： 把一个点分裂成若干个点，分裂出来点的数量取决于有多少条边使用该点，如图4-3所示。

切角： 把一个顶点细分为若干个点，细分出多少个点取决于多少条边使用这个点，这个命令可以产生圆角的效果，如图4-4所示。

图4-3   图4-4

4.2.2 边子层级下的常用命令

边是连接两个点之间的直线，一条边不能由两个以上的多边形共享。

切角： 把一条边分割成若干条边，既可以产生倒角圆滑的效果，也可以增加多边形的细节，方便进一步造型，如图4-5所示。

桥： 将选择的两组边自动产生连接，如图4-6所示。

图4-5

图4-6

连接： 在选定对边之间创建新边，只能连接同一多边形上的边。可以设定连接边的分段数，可以增加多边形的细节，如图4-7所示。

图4-7

4.2.3 面子层级下的常用命令

面是通过曲面连接的三条或者多条边的封闭区域。

挤出： 此命令可以在面的任意角度内生成新的多边形，是多边形建模最常用的命令，如图4-8和图4-9所示。

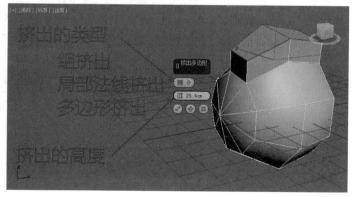

图4-8

 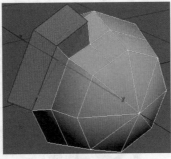 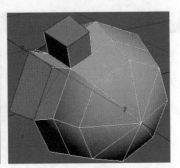

组挤出　　　　　　　　　　　局部法线挤出　　　　　　　　　　多边形挤出

图4-9

倒角: 类似"挤出"命令,可以理解为在挤出命令的基础上编辑挤出面的大小。

插入: 类似"挤出"命令,可以理解为没有高度的挤出,如图4-10所示。

 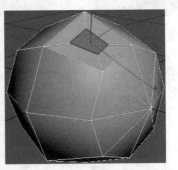

图4-10

4.3　多边形建模实例:航拍无人机模型

制作思路

首先要制作参考平面,把事先准备好的参考图导入3ds Max中,这样就可以从各个角度来观察制作的模型。

从一个简单的立方体着手开始制作航拍器,结合多边形建模的常用命令,一点点地为模型添加细节,对于左右结构相同的地方,可以采用镜像复制的方法只制作模型的一半部分。

对基本完成的模型进行光滑处理,调整各个部分结构的比例关系,并为一些过于光滑的部分增加细节,最终达到我们满意的造型。

航拍器模型的参考图,如图4-11所示。

图4-11

4.3.1 创建无人机模型的工程文件

STEP 1 在计算机的硬盘中新建一个文件夹，并改名为Aerial(无人机)。启动3ds Max 2018，执行菜单"文件"/"设置项目文件"命令，在弹出的"浏览文件夹"对话框中找到刚才新建的工程文件Aerial文件夹，完成项目工程文件的指定。复制无人机的参考图，并粘贴到Aerial/sceneassets/image文件夹内，如图4-12所示。

STEP 2 执行菜单"自定义"/"单位设置"命令，将单位设定为厘米，如图4-13所示。

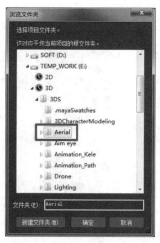

图4-12

图4-13

4.3.2 制作参考平面图

首先要创建一些平面作为参考图，这些参考图可以帮助初学者更好地造型，掌握模型的整体比例关系。但当我们具备了一定的制作经验和三维造型能力后，最好就不要使用这种方法来建模了，因为借助参考图虽然能让我们比较轻松地掌握物体的结构比例关系，但是这种方法有碍于我们造型能力的提高。最好的方法还是由我们自己绘制几张模型的概念稿，然后按照概念稿去直接建模，这样既有效地锻炼了我们的绘画能力，又可以提高我们的三维造型能力，毕竟所有软件只是一个工具，帮助我们去执行命令而已，最重要的还是我们造型能力的提升。

STEP 1 在创建面板中单击"标准基本体"/"平面"按钮，在"键盘输入"选项组中设置"长度"为73.7cm，"宽度"为160cm，在"参数"选项组中设置"长度分段"和"宽度分段"为1，创建一个平面的几何体，如图4-14和图4-15所示。

图4-14

图4-15

提 示

平面几何体的尺寸大小是由参考平面图的大小决定的。

STEP 2 将创建的平面模型复制5个，这6个平面将作为航拍无人机6个方向的参考图，分别命名为top_plane、bottom_plane、front_plane、back_plane、right_plane、left_plane。以世界坐标轴的原点为中心，分别利用移动工具和旋转工具将这6个平面摆放到上、下、左、右、前、后的位置。

STEP 3 单击"材质编辑器"按钮，创建6个标准材质，将材质球的名称依次改为top_planeShade、bottom_planeShade、front_planeShade、back_planeShade、right_planeShade和left_planeShade。在这些材质球的漫反射颜色节点上分别创建一张位图的节点，并在位图的参数面板里分别加载相对应的参考图片。最后将这些材质球赋予刚创建的那些参考平面，并在视口中显示明暗处理材质，如图4-16所示。

STEP 4 选择这6个参考平面，单击鼠标右键，在弹出的菜单中选择"对象属性"命令，然后在弹出的对话框中勾选"背面消隐"和"冻结"选项，取消勾选"以灰色显示冻结对象"选项，完成的参考图如图4-17和图4-18所示。

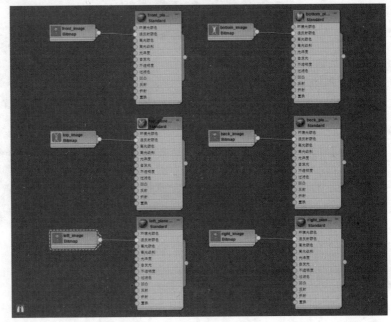

图4-16

图4-17

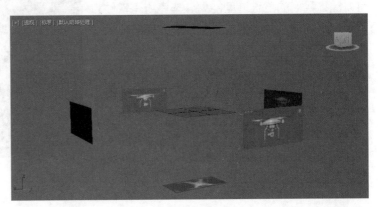

图4-18

4.3.3 制作航拍器的机身部分

STEP 1 创建一个长宽高都为30cm的立方体，并将立方体的坐标轴居中。单击鼠标右键，在弹出

的菜单中选择"转换为可编辑
多边形"命令。切换到修改面
板，进入点的编辑层级，在前
视图中分别选择多边形上下
两边的点，利用移动工具将多
边形调整成航拍器参考图的高
度，如图4-19所示。

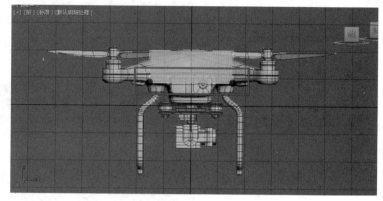

STEP 2 选择立方体最下面的
面，在修改面板的"编辑多边
形"选项组中单击"插入"按
钮，将插入数量改为6cm，如
图4-20和图4-21所示。

图4-19

图4-20

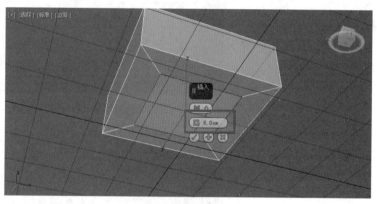

图4-21

STEP 3 单击"挤出"按钮，设置挤出多边形高度为7cm，切换到缩放工具，结合前视图，把新挤
压出的面进行缩放，如图4-22至图4-24所示。

图4-22

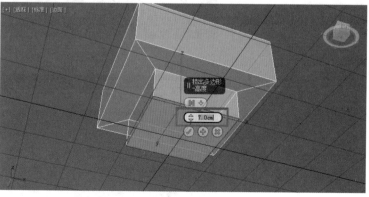

图4-23

接下来制作航拍器的机翼部分，由于航拍器的四个机翼造型都是一样的，所以我们只要制作出一个，其他的三个可以利用镜像修改器来制作，这种方法被大量地应用在左右、前后对称的模型上。

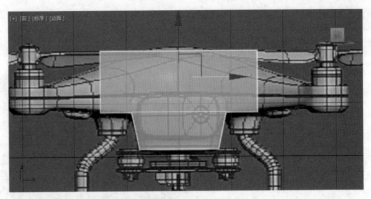

图4-24

STEP 4 选择模型物体，进入边的编辑层级，在前视图中选择一条边，在"选择"选项组中单击"环形"按钮。这样处在被选择边的环形位置的边就都被选择了，单击"编辑多边形"选项组中的"连接"按钮。切换到右视图，把同样的命令再执行一遍，这样我们就把航拍器的机身平均分成了四个区域，如图4-25所示。

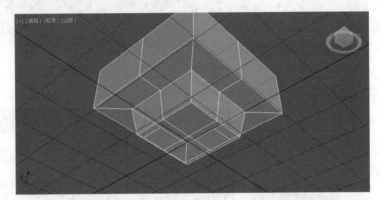

图4-25

STEP 5 在底视图中选择三个区域的面，然后将其删除，只留下其中的一个区域的面，如图4-26和图4-27所示。

STEP 6 选择模型，执行修改器列表下的"对称"命令，设置镜像轴为沿着X轴对称，如图4-28和图4-29所示。

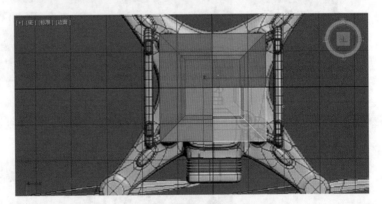

图4-26

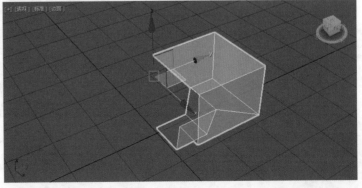

图4-27

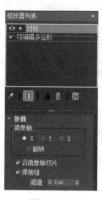

图4-28

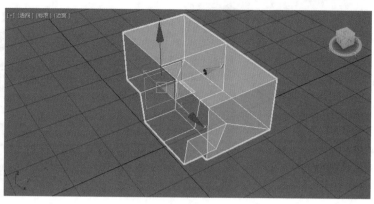

图4-29

STEP 7 继续选择该物体，再添加一次"对称"的修改器命令，这一次设置镜像轴为沿着Y轴对称，如图4-30和图4-31所示。

图4-30

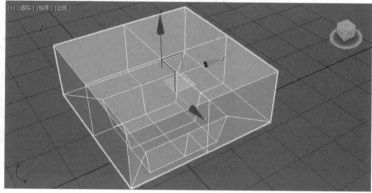

图4-31

STEP 8 在透视图中选择航拍器机身侧面的两个面，单击"编辑多边形"选项组中的"挤出"按钮，结合顶视图，挤出的高度大约是28cm。保持新挤出的面被选择，单击"编辑几何体"选项组中的"平面化"按钮，使新挤出的面对齐，如图4-32和图4-33所示。

图4-32

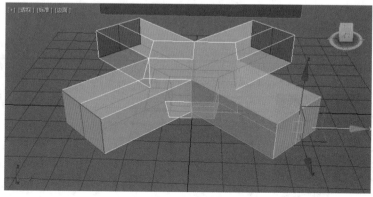

图4-33

STEP 9 进入点的编辑层级，选择新挤出的点，切换到缩放工具，根据顶视图的参考图，在透视图中沿着X、Y轴进行缩放。切换到移动工具，选择最上边的点，对点的位置进行调整，使造型匹配到参考图，如图4-34所示。

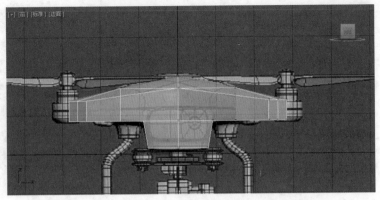

图4-34

STEP 10 选择航拍器机身的模型，在修改器列表中为其添加一个openSubdiv(开放细分)的修改命令，切换其显示模式的开关键，可以预览到机身模型的光滑情况，以方便进一步编辑，如图4-35所示。

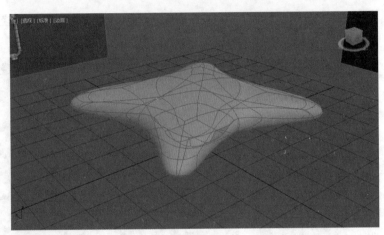

图4-35

4.3.4 制作航拍器的螺旋桨部分

STEP 1 使用键盘输入的方式创建一个半径为4.5cm、高度为5cm、高度分段为1段、边数为8段的圆柱体。切换到旋转工具，将其沿着Z轴旋转45°。切换到移动工具，将参考坐标系切换到局部坐标系，结合顶视图和前视图，将其沿着Y轴移动到航拍器一边的位置上，使之与参考图的位置匹配，如图4-36和图4-37所示。

图4-36

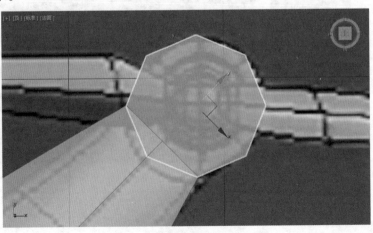

图4-37

STEP 2 将圆柱体转换成可编辑多边形，进入点的编辑层级，使用鼠标右键激活捕捉开关，在弹出的"栅格和捕捉"对话框中勾选"顶点"捕捉选项。结合前视图，分别选择圆柱体的上下两边的点，使其和航拍器在Y轴上对齐，如图4-38和图4-39所示。

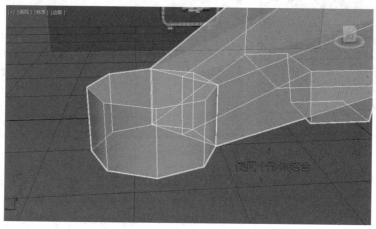

图4-38

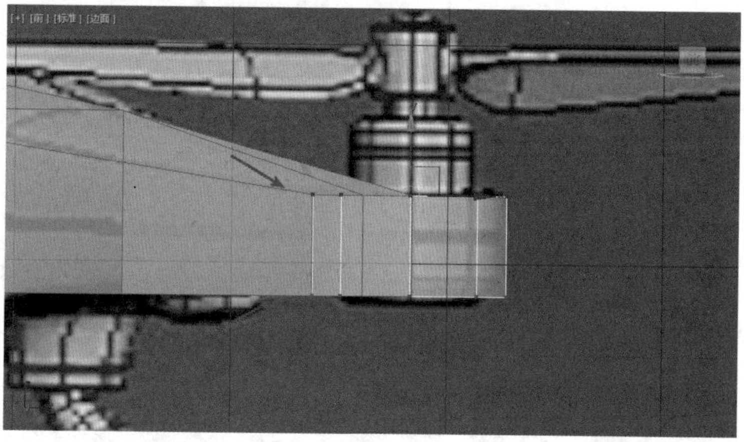

图4-39

STEP 3 选择航拍器，进入可编辑多边形模式，单击"编辑几何体"选项组中的"附加"按钮，然后单击圆柱体，使两个多边形形体结合为一个，如图4-40和图4-41所示。

图4-40

图4-41

> **提 示**
>
> 完成操作后再次单击"附加"按钮，退出操作。

STEP 4 进入面的编辑层级，选择形体内部4个相互叠加的面，将其删除，如图4-42所示。

STEP 5 进入点的编辑层级，单击鼠标右键，在弹出的菜单中选择"目标焊接"命令，将形体的点进行焊接，如图4-43和图4-44所示。

> **提 示**
>
> 在多边形建模中，我们会将两个甚至多个简单的多边形进行合并操作，基本上就是运用上述的"附加"和"焊接"方法。

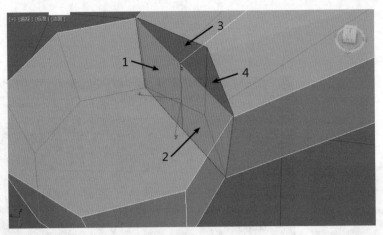

图4-42

图4-43

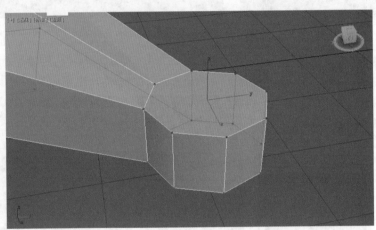

图4-44

STEP 6 单击"编辑几何体"选项组中的"切割"按钮，将圆柱体的顶部和底部的面进行切割，如图4-45和图4-46所示。

图4-45

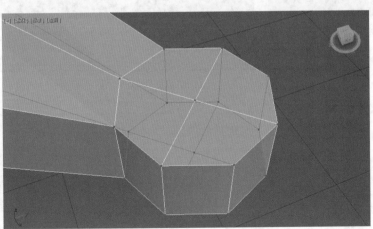

图4-46

完成"切割"操作后要再次单击"切割"按钮，退出操作。

STEP 7 进入面的编辑层级，选择圆柱体顶部的4个面，单击"编辑多边形"选项组中的"插入"按钮，使这4个面向中心有一个延伸。再单击"编辑多边形"选项组中的"挤出"按钮，使延伸的面挤压进圆柱体的内部，如图4-47至图4-50所示。

图4-47

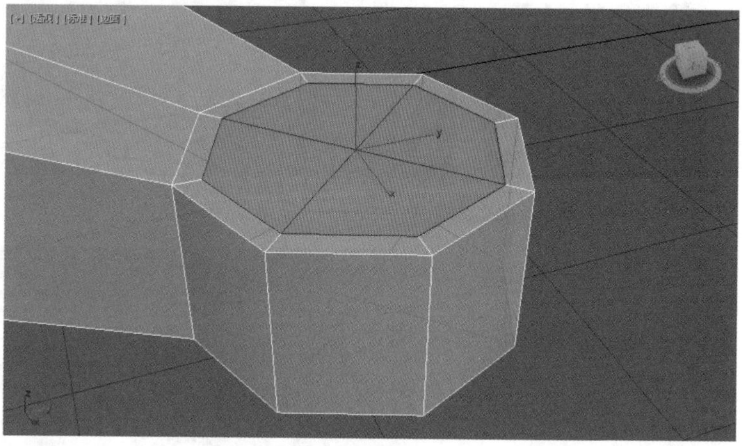

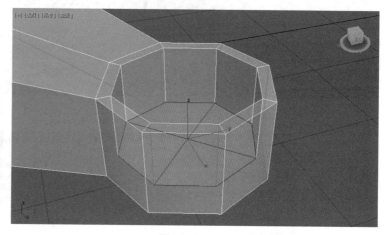

图4-48

图4-49

图4-50

STEP 8 选择圆柱体底部的面，单击"编辑多边形"选项组中的"倒角"按钮，结合前视图调节倒角的高度和轮廓参数，使之匹配到参考图，如图4-51和图4-52所示。

STEP 9 选择圆柱体内部的4个面，切换到移动工具，按住Shift键不放，沿Y轴向上移动一定距离，在弹出的"克隆部分网格"对话框中选择"克隆到对象"选项，这样就克隆了一个和圆柱体底部面一样大小的新形体，将它命名为"螺旋桨底部_细节"，并将它的轴心点居中，并向内缩放一点，如图4-53至图4-55所示。

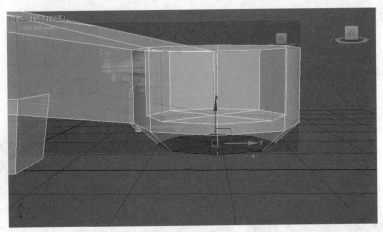

图4-51　　　　　　　　　　　　　图4-52

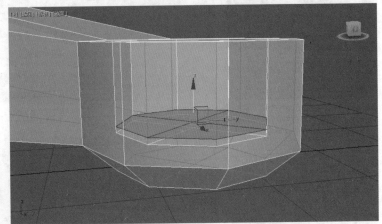

图4-53　　　　　　　　　　　　　图4-54

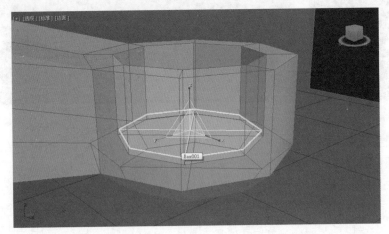

图4-55

STEP 10 选择新复制出的4个面，结合"挤出"命令使形体造型匹配到参考图。选择顶部一圈的环形边，单击"编辑边"选项组中的"切角"按钮。结合前视图进行切角的参数调节，使之匹配到参考图，如图4-56至图4-58所示。

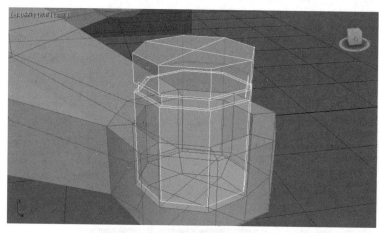

图4-56

图4-57

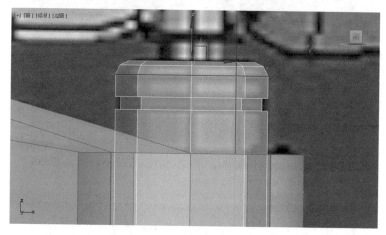

图4-58

STEP 11 选择圆柱体上边的面，重复第9、10步的操作，制作出螺旋桨的中心轴的造型，如图4-59至图4-61所示。

STEP 12 切换到顶视图，创建一个新的平面。将平面转换成可编辑多边形，进入点的编辑层级，结合顶视图和前视图调节点的位置，使其匹配参考图，如图4-62和图4-63所示。

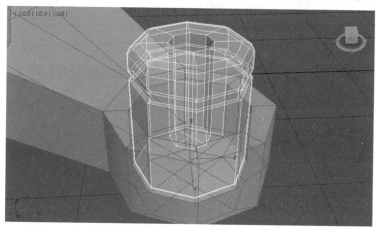

图4-59

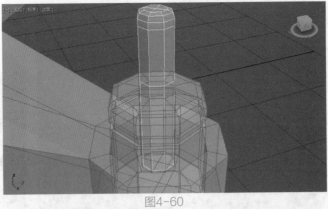

图4-60

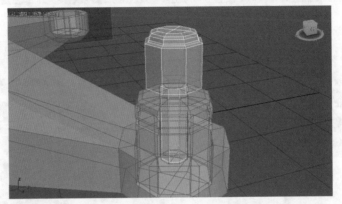

图4-61

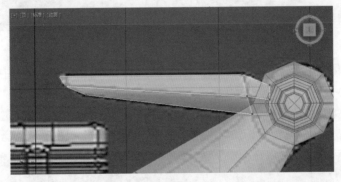

图4-62

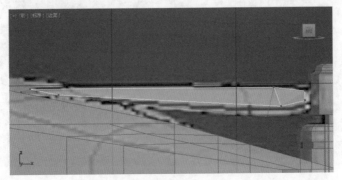

图4-63

STEP 13 在修改器列表中执行"壳"命令，为螺旋桨增加一个厚度，调整外部量参数，使之匹配参考图，如图4-64所示。

STEP 14 选择螺旋桨的中心物体，将其一半的面删除，进入面的编辑层级，选择表面的两个面，单击"编辑多边形"选项组中的"插入"按钮，调节新插入点的位置，使形体和螺旋桨的截面造型相似，如图4-65和图4-66所示。

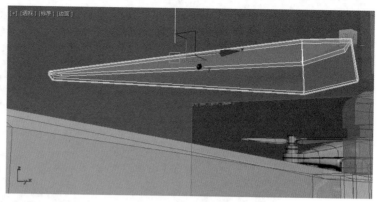

图4-64

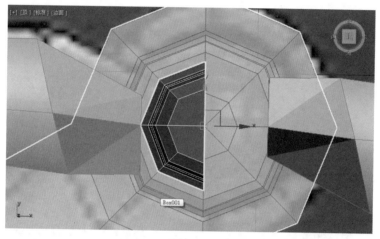

图4-65

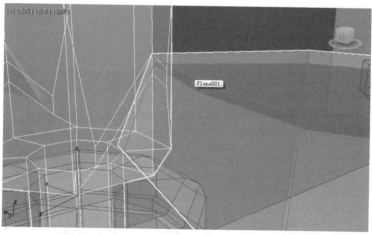

图4-66

STEP 15 将螺旋桨表面上的面和螺旋桨的截面删除，并镜像复制出另一半，单击"编辑几何体"选项组中的"附加"按钮，将两个物体合并成一个。选择中心点，单击"焊接"按钮，效果如图4-67和图4-68所示。

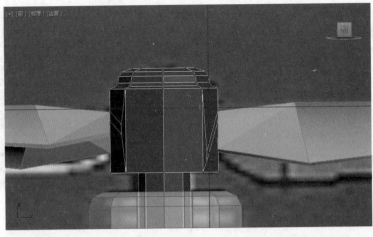

图4-67

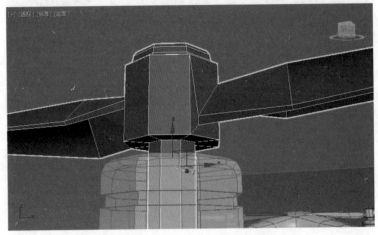

图4-68

STEP 16 切换到顶视图，将螺旋桨的坐标轴对齐到航拍器的中心。运用旋转工具将螺旋桨复制三个，如图4-69所示。

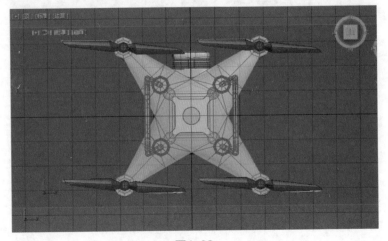

图4-69

4.3.5　创建航拍器的机架部分

为了使航拍器的机架和机身成为一个整体，我们将利用一个圆柱体作为参照物，运用切割工具和点捕捉功能为航拍器的机身添加新的边。

STEP 1 创建一个边数为8的圆柱体，使用移动工具将它移动到航拍器机身的内部，如图4-70所示。

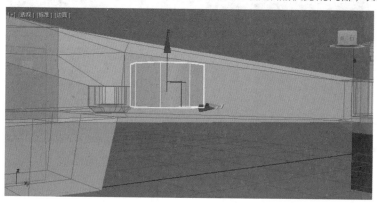

图4-70

STEP 2 结合底视图，选择航拍器的机身模型，激活"捕捉"按钮，进入点的编辑层级，单击"编辑多边形"选项组中的"切割"按钮，参照新创建的圆柱体的直径大小切割航拍器机身的表面模型，如图4-71和图4-72所示。

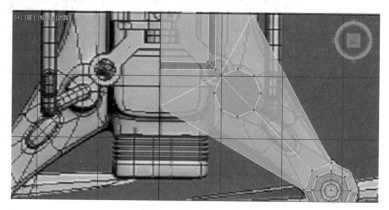

图4-71

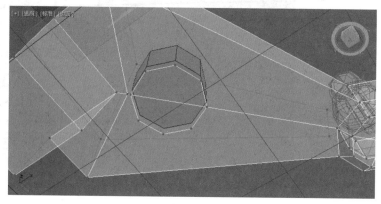

图4-72

STEP 3 为了避免多于四边的面出现，将航拍器底部的部分面继续进行插入边的操作，完成操作后可以将机身内部的圆柱体删除掉，如图4-73所示。

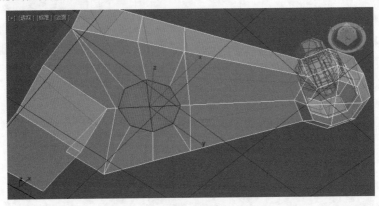

图4-73

提 示

内部的圆柱体只是一个参照物，在完成操作后就可以删除了。在建模的过程中，为了匹配某个形体，经常会用到上述的方法。

STEP 4 结合前视图，对面继续进行插入和挤出的操作，并匹配到参考图，如图4-74所示。

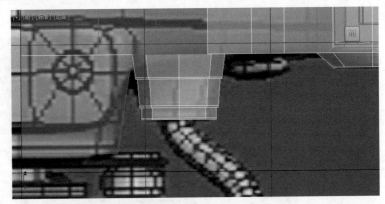

图4-74

STEP 5 单击"图形样条线"创建面板中的"线"按钮，结合左视图和前视图的参考图，创建一条样条线，如图4-75所示。

STEP 6 在样条线顶点的编辑层级下，单击"几何体"选项组中的"圆角"按钮，对顶点进行圆角操作，如图4-76和图4-77所示。

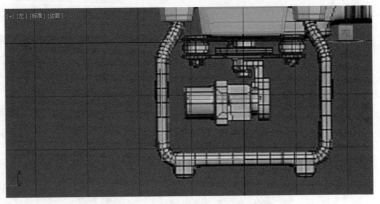

图4-75

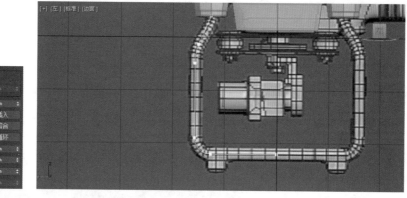

图4-76　　　　　　　　　　　　　　　　　　图4-77

STEP 7 选择航拍器机身和机架连接处的面，单击"编辑多边形"选项组中的"沿样条线挤出"按钮，调节分段参数，匹配到参考图。选择机架末尾处的面，将其删除，如图4-78和图4-79所示。

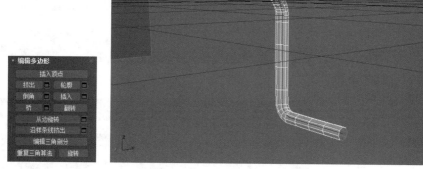

图4-78　　　　　　　　　　　　　　　　　　图4-79

STEP 8 结合左视图，选择航拍器机架最下面的两个面，分别单击"编辑多边形"选项组中的"插入"和"挤出"按钮，做出机架底部的结构造型，如图4-80所示。

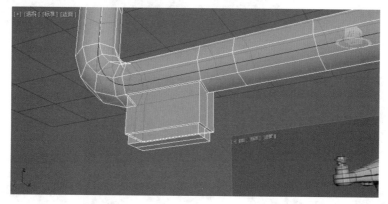

图4-80

现在基本上完成了航拍器上半部分的结构造型，在航拍器的下半部分，分成两部分来制作。第一部分是摄像机的吊架部分，将继续运用样条线的画线工具来生成多边形。第二部分是摄像机部分，主要是运用多边形编辑工具来制作。

4.3.6 制作航拍器摄像机的吊架部分

STEP 1 单击"图形样条线"创建面板中的"矩形"按钮,结合底视图,按住Ctrl键不放,画出一个正方形,并将它的坐标轴对齐到世界坐标系的正中心。

> **提 示**
>
> 按住Ctrl键绘制矩形,可以绘制出正方形。

STEP 2 在底视图中继续绘制一个矩形,将它沿着Z轴旋转45°。切换到移动工具,结合底视图,将它移动到正方形的一个角上。

STEP 3 继续绘制两个同心圆形,将其中一个圆形进行缩放操作,并结合底视图,将它们移动到长方形的最上面,匹配到参考图,如图4-81所示。

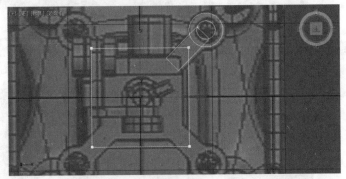

图4-81

STEP 4 将矩形和两个同心圆形的中心坐标轴都对齐到世界坐标系的正中心。切换到旋转工具,按住Shift键不放,将它们每隔90°复制一个,共复制三个,如图4-82和图4-83所示。

STEP 5 选择所有的形体线条,将它们转换成可编辑样条线。选择中间的正方形,单击"几何体"选项组中的"附加"按钮,依次选择其他的样条线,使它们成为一个整体,如图4-84所示。

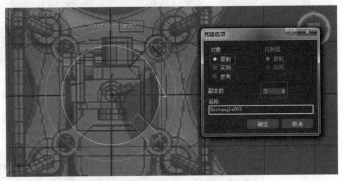

图4-82

图4-83

图4-84

STEP 6 切换到样条线编辑模式,选择中间的正方形,单击"几何体"选项组中的"布尔"按钮,

分别运用"加"和"减"的方式将图形进行编辑，使之成为一个整体的形体，如图4-85至图4-87
所示。

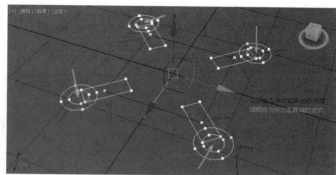

图4-85

图4-86

图4-87

提　示

　矩形为布尔运算加的方式，小的圆形为布尔运算减的方式。

STEP 7　在形体的中心再创建一个圆形，运用"附加"和"布尔"命令使之和其他形体成为一个整
体，进入顶点编辑层级，选择在拐角处相对较直硬的顶点，单击"几何体"选项组中的"圆角"按
钮，对点进行光滑处理，如图4-88和图4-89所示。

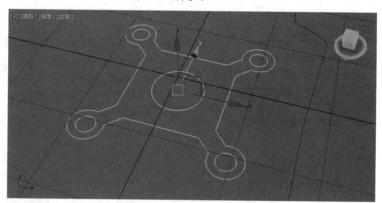

图4-88

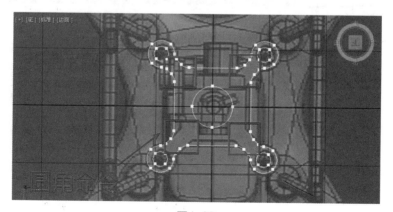

图4-89

STEP 8 在修改器列表下执行"倒角剖面"命令，分别调节挤出、倒角类型、倒角深度、封口参数，如图4-90和图4-91所示。

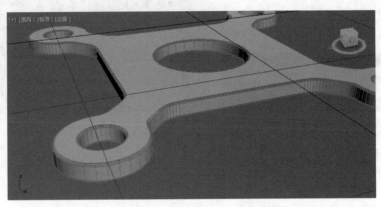

图4-90   图4-91

> **提 示**
>
> "倒角剖面"命令可以使样条线直接挤出成有高度的多边形。

STEP 9 选择模型，切换到移动工具，沿Y轴向下方再复制一个，匹配到参考图。

STEP 10 结合前视图，绘制一条新的曲线，并将该曲线的起始点和结束点在X轴的方向对齐，如图4-92所示。

图4-92

STEP 11 在修改器列表下执行"车削"命令，调节分段数、对齐方向、翻转法线参数，并将它们复制三个匹配到参考图，如图4-93至图4-95所示。

图4-93   图4-94

图4-95

STEP 12 创建一个长方体，将它转换为可编辑多边形，用来制作航拍器的电脑部分。可以激活"孤立当前选择"按钮，只单独显示方便我们对形体的编辑。分别单击"插入"和"挤出"按钮，对形体进行造型编辑，使它看起来类似一个微型航拍器电脑，如图4-96所示。

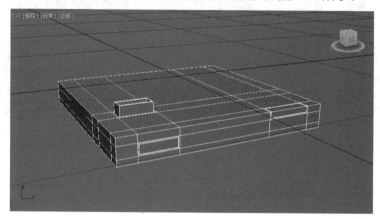

图4-96

STEP 13 选择电脑四周的轮廓边，单击"编辑边"选项组中的"切角"按钮，调节切角命令参数，如图4-97所示。

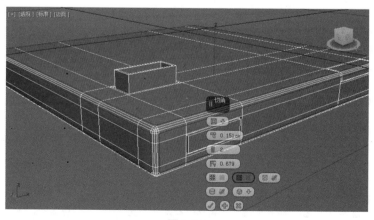

图4-97

STEP 14 切换到前视图，创建一条新的线并转换为可编辑样条线。进入样条线顶点编辑层级，对其形态进行调节。将调节好的曲线再复制两条，分别调节一下它们的形态，使它们的造型不要雷同，如图4-98所示。

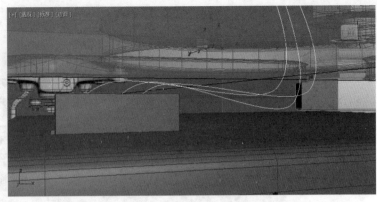

图4-98

STEP 15 勾选"渲染"选项组中的"在视口中启用"选项，调节"厚度"和"步数"参数，如图4-99和图4-100所示。

图4-99

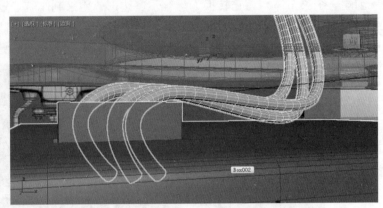

图4-100

4.3.7 制作航拍器的摄像机部分

STEP 1 创建一个圆柱体，调整大小，将它转换成可编辑多边形。进入边的编辑层级，单击"编辑边"选项组中的"连接"按钮，在圆柱体的高度上增加一条循环边，并调整位置。

STEP 2 选择面，执行"挤出"命令，将挤出方向调整为局部法线方向，如图4-101和图4-102所示。

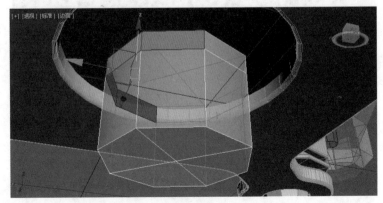

图4-101

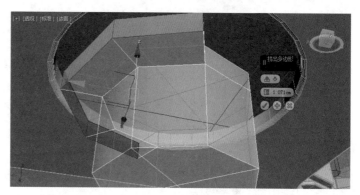

图4-102

STEP 3 ▶ 选择循环边，执行"连接"命令。选择面，执行"挤出"命令，如图4-103和图4-104所示。

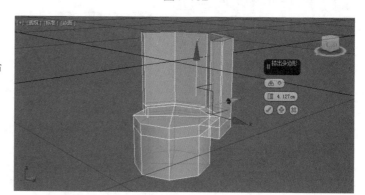

图4-103

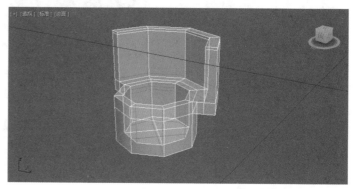

图4-104

STEP 4 ▶ 运用"连接"命令继续增加循环边。选择面，执行"挤出"命令，调节点的位置，匹配到参考图，如图4-105和图4-106所示。

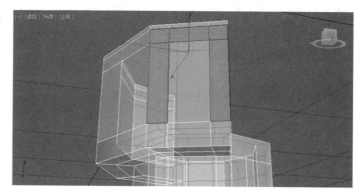

图4-105

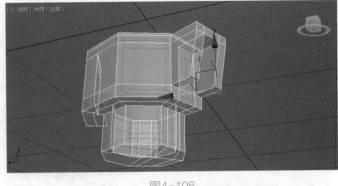

图4-106

STEP 5 创建一个宽、高的片段数为2段的立方体，调节位置和大小使之匹配到参考图，将其转换为可编辑多边形，并删除它底部一边的面，如图4-107所示。

STEP 6 选择另一边面，单击"编辑多边形"选项组中的"从边旋转"按钮。选择物体内部的面将其删除，单击"编辑顶点"选项组中的"焊接"按钮，对重合的点进行焊接操作，如图4-108和图4-109所示。

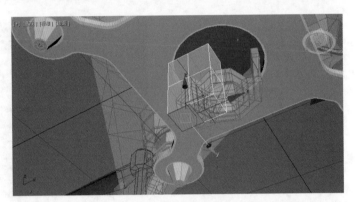

图4-107

图4-108

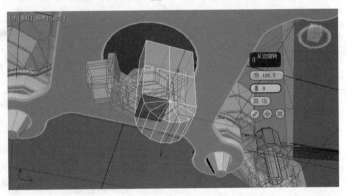

图4-109

STEP 7 选择几何体中间的边，单击"编辑边"选项组中的"切角"按钮，插入两条边。选择面，执行"挤出"命令，调节挤出面的位置，匹配到参考图，如图4-110所示。

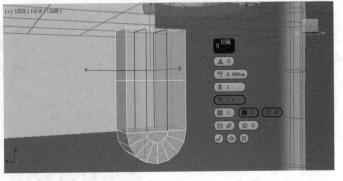

图4-110

STEP 8 选择面，利用"插入"和
"挤出"命令继续进行造型，如
图4-111和图4-112所示。

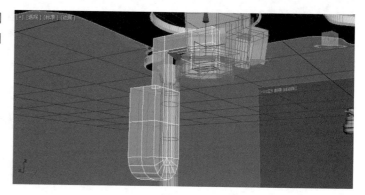

图4-111

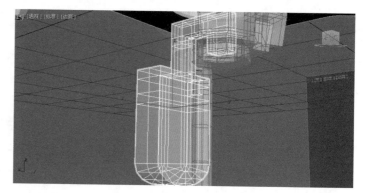

图4-112

STEP 9 创建一个圆柱体，将它转
换成可编辑多边形。选择面，执行
"挤出"命令，并结合"插入"
命令进行调点造型，如图4-113
所示。

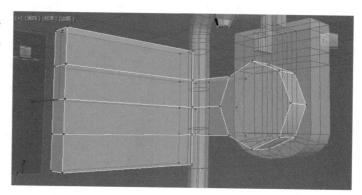

图4-113

STEP 10 再创建一个圆柱体，将
其转换成可编辑多边形，执行"插
入"和"挤出"命令，如图4-114
所示。

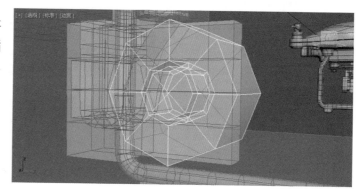

图4-114

STEP 11 继续创建一个圆柱体，将其转换成可编辑多边形，执行"挤出"和"桥"命令操作，制作摄像机的机身部分，如图4-115所示。

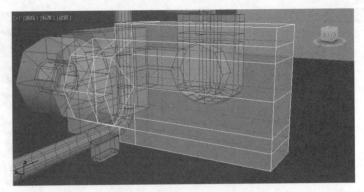

图4-115

STEP 12 再创建一个圆柱体作为摄像机的镜头部分，将其转换成可编辑多边形，执行"插入"和"挤压"命令操作，如图4-116所示。

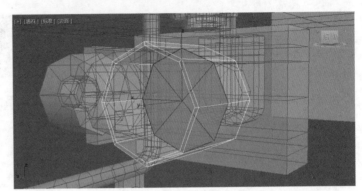

图4-116

STEP 13 选择镜头形体内部的面，将其复制。执行"插入"命令操作，将它调整成长方形的镜头形状，如图4-117所示。

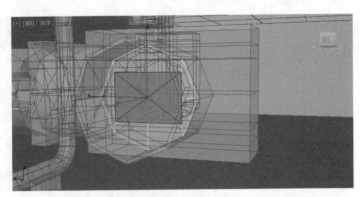

图4-117

STEP 14 继续执行"插入"和"挤出"命令操作，为摄像机镜头部分增加细节，如图4-118所示。

STEP 15 创建一个球体，将它一半的面删除并放置到摄像机镜头的中心，完成摄像机结构的建模造型，如图4-119所示。

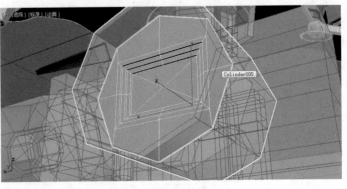

图4-118

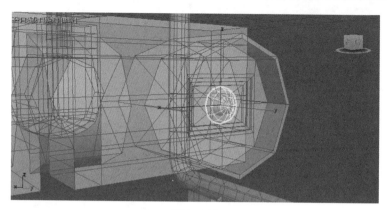

图4-119

4.3.8 制作航拍器的电池部分

STEP 1 选择航拍器的机身部分，在修改器列表里执行"编辑多边形"命令。进入点的编辑层级，单击"编辑几何体"选项组中的"切割"按钮，对机身的结构进行编辑，如图4-120和图4-121所示。

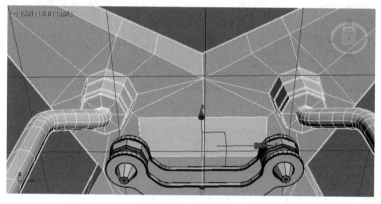

图4-120

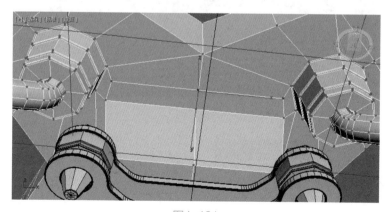

图4-121

STEP 2 进入面的编辑层级，执行"挤出"命令操作，完成航拍器电池结构的基本造型，如图4-122至图4-124所示。

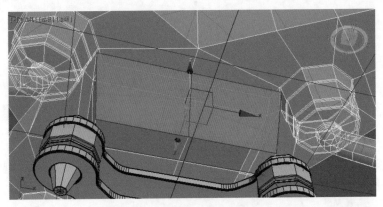

图4-122

图4-123

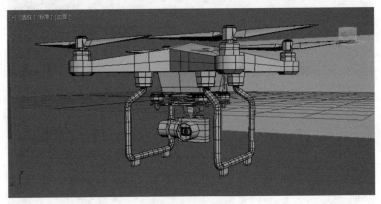

图4-124

4.3.9 为航拍器添加细节

现在我们完成了航拍器的基础建模，下一步要针对具体结构的细节进行调整和改进。在此阶段中，我们要经常在光滑模式显示和非光滑模式显示下切换，同时要有足够的耐心和敏锐的观察能力。其具体流程可分为以下两个部分。

1. 调整整体比例

如果模型的整体比例失调，即使细节做得再完美，也是一件失败的作品。所以我们在完成基本模型结构的创建后，要经常查看一下模型的整体比例关系。在这一过程中，要不断地观察测量每一个局部在整体中的上下位置关系和前后空间关系。例如，航拍器的机身部分现在看起来就显得有点单薄，对于这种结构的比例关系的调整问题，可以在点、边、面的编辑层级下，进一步调整结构。

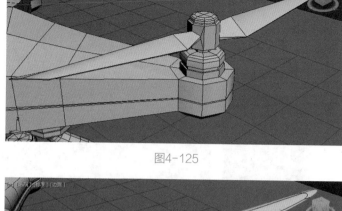

图4-125

2. 增加局部细节

在为模型添加了光滑命令后，会发现有的地方光滑效果比较好，基本能够达到满意的效果。但有的地方过于光滑，尤其是在一些结构的边缘处，对于这种问题我们可以在过于光滑的地方添加循环边命令来解决，如图4-125至图4-127所示。

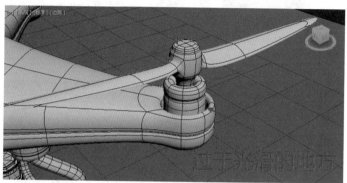

图4-126

对于过于光滑的地方，我们也可以对模型添加CreaseSet(折缝)命令来解决。在修改器列表里执行CreaseSet命令，选择需要硬化的边，在"折缝集"选项组中单击"创建集"按钮，如图4-128至图4-130所示。

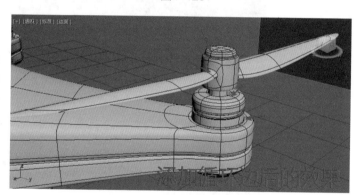

图4-127

图4-128

图4-129

图4-130

调整Edgeset硬化边的参数，数值越大，硬度值就越大，如图4-131至图4-133所示。

图4-131

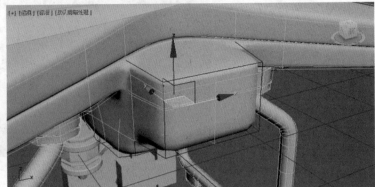

EdgeSet为0.1的效果

图4-132

EdgeSet为0.2的效果

图4-133

最后，将航拍器的其他部分造型进行最终调整，效果如图4-134和图4-135所示。

图4-134

图4-135

4.4　多边形建模实例：卡通角色建模 🔍 ➡

4.4.1　生物角色建模的流程和规律 ↗

　　掌握生物角色建模技术是三维角色动画制作的一个基本要求。生物角色的建模方法和上一节机械类的建模方法有很大的区别。当我们开始塑造任何角色之前，首先要深入了解这个角色模型，其中包括角色的外貌特征、表面的起伏、骨骼给形体带来的变化、角色会有什么样的动作等等。其次，对于复杂的生物模型可以逐一地塑造局部结构，最终再将这些局部整合起来。例如当塑造人体模型时，就可以把头部、躯干、四肢、衣服等单独分开来建模，这样不仅可以提高工作效率，还可以保证角色模型形体比例的准确性。

　　一件好的角色模型作品，除了形体比例准确、造型结构生动以外，它的结构布线也是非常关键的。关于结构布线可以遵循以下几个规律。

★　在角色运动幅度较大的地方，布线要密集一些。例如脖子、肩膀、膝盖等部位。

★　在角色运动幅度较小的地方，布线可以相对稀疏。例如耳朵、头顶等部位。

★　尽可能地避免三角面的出现，如果不可避免，也要把三角面控制在角色不经常运动的地方。例如耳朵、头顶等部位。

★　一定要避免多于4边的N边面出现。

　　总之，生物角色的建模首先需要我们有一定的造型能力，这种造型能力需要我们长期的训练，用笔、纸、泥这种传统的对造型能力的训练方法是非常行之有效的。其次就是我们要时刻运用一种三维的、整体的、协调的方法去观察形体，要随时注意某个局部与其他局部之间的位置关系、空间关系、局部与整体的关系。只有经过不断训练，最终才能达到眼、脑、手的协调。

4.4.2　创建角色工程文件 ↗

STEP 1 在计算机硬盘里新建一个文件夹，并改名为3DCharacter。启动3ds Max 2018，执行菜单"文件"/"设置项目文件"命令，找到新建的3DCharacter文件夹，完成项目工程文件的指定。复制配套资源中的角色参考图片，粘贴到3DCharacter/scenceassets/image文件夹内。

STEP 2 执行菜单"自定义"/"单位设置"命令，将单位设定为厘米。

4.4.3 ▶ 制作参考平面图

STEP 1 ▶ 单击"创建"/"标准基本体"/"平面"按钮，运用键盘输入的创建方法，创建两个平面模型，其中一个平面的长度为28cm，宽度为41cm，另一个平面模型的长度为28cm，宽度为12cm，将它们分别命名为front_plane和side_plane。

STEP 2 ▶ 单击"材质编辑器"按钮，创建两个标准材质，将材质的名称改为front_planeShader和side_planeShader。在材质球的漫反射颜色节点上分别创建一张位图的节点，并在位图的参数面板中分别加载相对应的参考图片。最后将材质球分别赋予front_plane和side_plane，并在视口中显示明暗处理材质。

STEP 3 ▶ 选择这两个参考平面，单击鼠标右键，在弹出的菜单中选择"对象属性"命令。在"对象属性"对话框中勾选"背面消隐"和"冻结"选项，取消勾选"以灰色显示冻结对象"选项。

STEP 4 ▶ 两个参考平面的摆放位置如图4-136所示。

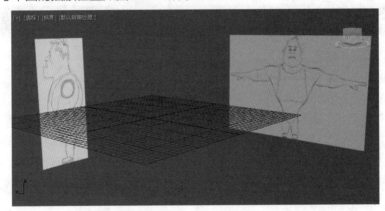

图4-136

4.4.4 ▶ 制作角色的头部

STEP 1 ▶ 在前视图中根据参考图角色头部的大小创建一个平面模型。切换到"层次"面板，单击"调整轴"选项组中的"仅影响轴"按钮。激活"捕捉"功能选项，将平面的坐标轴对齐到场景的中心坐标轴上，如图4-137和图4-138所示。

图4-137

图4-138

STEP 2 选择平面，单击鼠标右键，在弹出的菜单中选择"转换为"/"转换为可编辑多边形"命令。在修改器列表中执行"对称"命令，勾选X轴镜像选项。切换到移动工具，通过移动点的操作使它在前视图和左视图中匹配到参考图，如图4-139和图4-140所示。

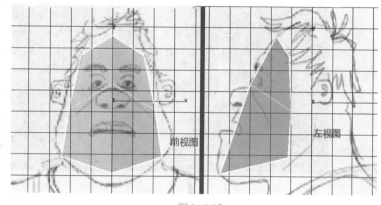

图4-139　　　　　　　　　　　　　　　　　　图4-140

STEP 3 进入面的编辑层级，选择角色嘴部的面，单击"编辑多边形"选项组中的"插入"按钮。删除多余的面，利用移动工具对点进行调节，如图4-141和图4-142所示。

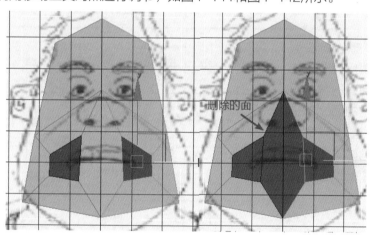

图4-141

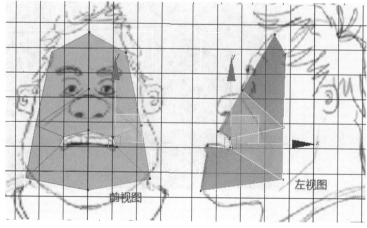

图4-142

STEP 4 ▶ 眼部的造型方法和嘴部一样，进入面的编辑层级，选择靠近眼部的面，单击"编辑多边形"选项组中的"插入"按钮，利用移动工具对点进行调节，如图4-143所示。

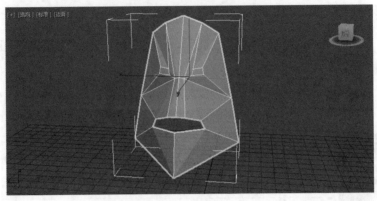

图4-143

提 示

　　在调节点的过程中，一定要注意点在三维空间中的位置，要不停地在透视图和正交视图中反复观察，切忌只在一个视图中调节，而忽略三维空间造型的概念。

STEP 5 ▶ 角色鼻子部分的造型也是通过插入边然后调节点位置的方法。切换到面的编辑层级，选择鼻子部位的面，单击"编辑多边形"选项组中的"挤出"按钮，删除鼻子中间重合的面，调整点的位置，如图4-144和图4-145所示。

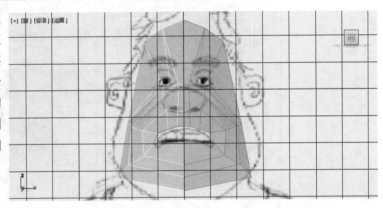

图4-144

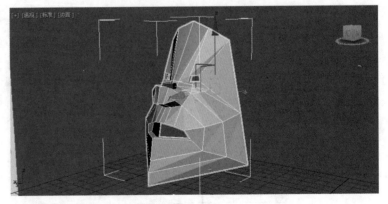

图4-145

STEP 6 选择角色面部边缘的边，进行"挤出"命令操作，使角色的面部轮廓一点点地向四周延展开。同时使用"连接"操作对角色面部增加结构，使整体面部丰满起来，如图4-146所示。

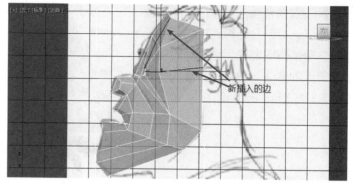

图4-146

STEP 7 选择头顶部的边，沿着角色头部的轮廓向外挤出，匹配到参考图，如图4-147所示。

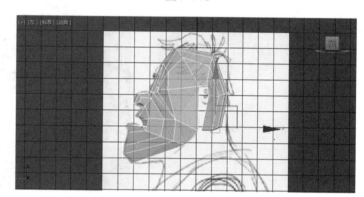

图4-147

STEP 8 切换到边的编辑层级，选择角色耳朵附近的两条边，单击"编辑多边形"选项组中的"桥"按钮，效果如图4-148所示。

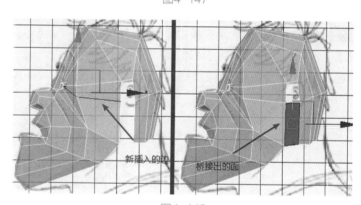

图4-148

STEP 9 选择角色脖子附近的边，利用"挤出"命令操作，挤出角色脖子的造型，如图4-149所示。

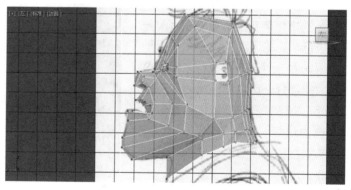

图4-149

STEP 10 ▶ 现在角色头部基本结构的创建
已经完成了，但部分结构的布线还太简
单，形体塑造得不准确，继续利用插入
边和调节点的方法，使整个头部的布线
基本均匀，如图4-150所示。

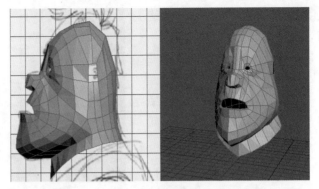

图4-150

STEP 11 ▶ 选择角色嘴部的边，利用"挤
出"命令向内挤出角色口腔内部的结
构，如图4-151所示。

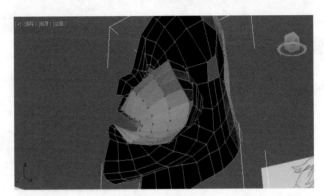

图4-151

STEP 12 ▶ 创建一个球体，用来模拟角色
的眼球。依据这个球体的大小和位置，
把角色眼睛部位点的位置调整好，如
图4-152所示。

图4-152

STEP 13 ▶ 选择角色头部模型，在修改器
列表中执行"涡轮平滑"命令，使模型
表面变得光滑。对于角色模型表面凹凸
起伏较大的部分，可以利用笔刷工具来
刷平表面。激活"石墨建模工具集"，
单击"自由形式"选项组中的"松弛/
柔化"笔刷按钮，调节"大小"和"强
度"参数，如图4-153所示。

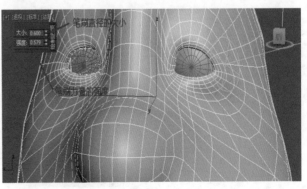

图4-153

STEP 14 切换到点的编辑层级，在"软选择"选项组中勾选"使用软选择"选项，调节"衰减"参数，对点进行区域选择或者移动，如图4-154和图4-155所示。

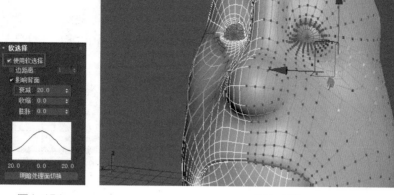

图4-154　　　　　　　　　　　　　图4-155

STEP 15 进入面的编辑层级，选择角色鼻孔的面，执行"插入"和"挤出"命令，完成鼻孔的造型，如图4-156和图4-157所示。

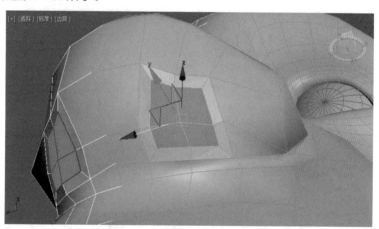

图4-156

图4-157

STEP 16 创建一个边数为20
段、高度分段和端面分段都为1
段的管状物。将它转换成可编
辑多边形，切换到左视图，选择
管状物底部的面并删除，再切换
到顶视图，选择一半的面并将其
删除，用管状物来模拟角色的牙
床，如图4-158所示。

STEP 17 切换到移动工具，选
择牙床上的一个面，将它复制
并向上移动一小部分。选择新
复制出的形体，向上挤出，模
拟出角色牙齿的造型。选择角

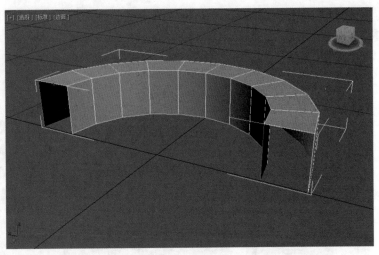

图4-158

色牙齿模型，执行菜单"工具"/"阵列"命令，弹出"阵列"对话框，在"对象类型"选项组中
选择"实例"，设置"旋转"为-18，"阵列中的总数"为10个，如图4-159和图4-160所示。

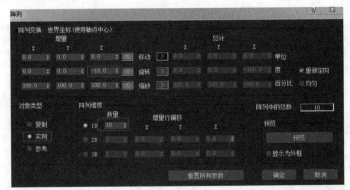

图4-159

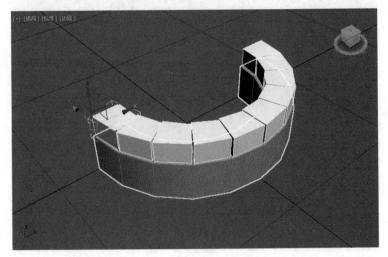

图4-160

STEP 18　选择牙床和牙齿模型，在修改器列表中执行"涡轮平滑"命令。切换到点的编辑层级，通过调节点的位置进一步完善牙齿造型。最后选择所有的牙齿和牙床造型，执行菜单"组"/"结组"命令，并将组名改为"下牙床"。选择"下牙床"，将它克隆并改名为"上牙床"。选择"上牙床"，切换到旋转工具，沿着Y轴旋转180°。选择上下两组牙床，使用移动工具将它们移动到角色的口腔内部，如图4-161至图4-163所示。

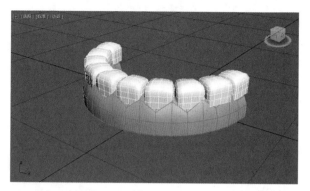

图4-161

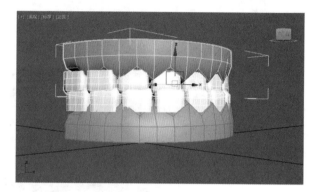

图4-162

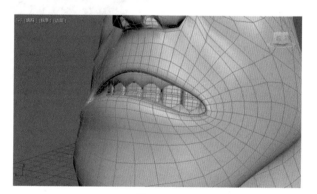

图4-163

STEP 19　在角色耳朵部位创建一个长方体，并将它转换成可编辑多边形。进入面的编辑层级，选择耳朵前面的面，配合"编辑多边形"选项组中的"插入"和"挤出"命令操作，向内做出耳朵内部的轮廓造型。在修改器列表中为耳朵添加"涡轮平滑"修改命令，如图4-164所示。

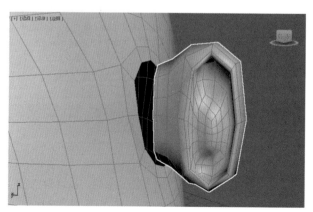

图4-164

STEP 20 选择角色头部的模型，单击"编辑几何体"中的"附加"按钮，再选择耳朵模型，使头部和耳朵的模型成为一个模型。进入点的编辑层级，选择头部和耳朵交界处的点，利用"目标焊接"命令操作对这些点进行焊接操作，如图4-165所示。

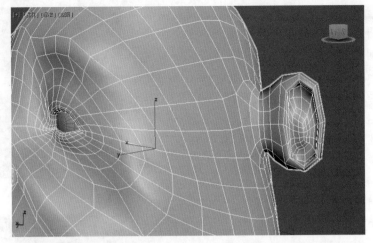

图4-165

STEP 21 创建一个长方体，为它添加"涡轮平滑"命令，调节眉毛的造型，如图4-166所示。

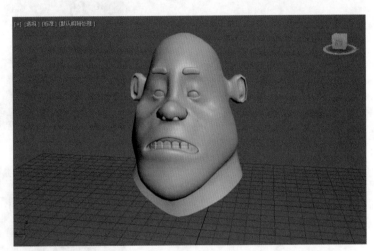

图4-166

4.4.5 制作角色的躯干

STEP 1 创建一个长、宽段数都为1段的平面，并将它转换成可编辑多边形，切换到移动工具，通过调节点的操作，使平面在左视图和前视图中匹配到参考图，如图4-167所示。

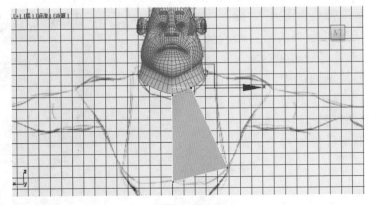

图4-167

STEP 2 切换到边的编辑层级，通过挤出和调节点位置的操作，塑造出角色胸腔的基本轮廓，如图 4-168所示。

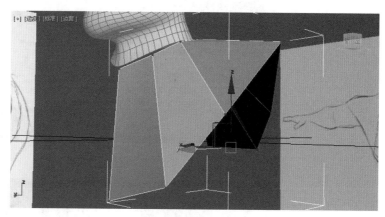

图4-168

STEP 3 选择角色靠近腋下的两条边，单击"编辑边"选项组中的"桥"按钮，在弹出的桥选项中将段数改为2段。切换到移动工具，对点进行调节，如图4-169所示。

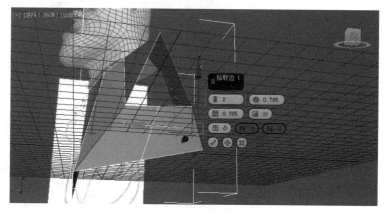

图4-169

STEP 4 选择角色肩部的边界边，挤出角色手臂的造型，如图4-170所示。

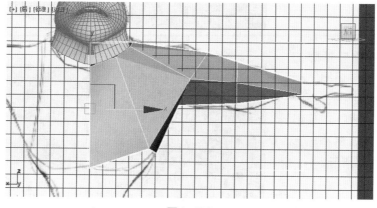

图4-170

STEP 5 选择角色胸腔底部的
边，向下挤出腰部的造型，如
图4-171和图4-172所示。

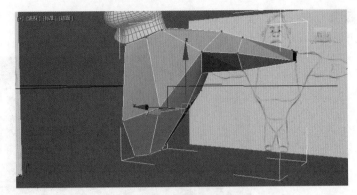

图4-171

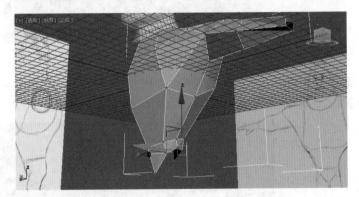

图4-172

STEP 6 在角色躯干部分的正面
和背面分别插入两条循环边。
选择新插入的边，单击"编辑
边"选项组中的"桥"按钮，并
将段数改为2段。切换到移动工
具，对点的位置进行调节，匹配
到参考图，如图4-173所示。

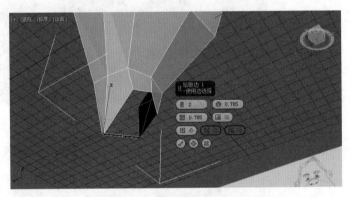

图4-173

STEP 7 选择角色腿部轮廓的
边界边，继续利用"挤出"操
作，塑造出角色腿部的造型，
最后单击"编辑边界"选项组
中的"封口"按钮，将腿部造
型封口，如图4-174所示。

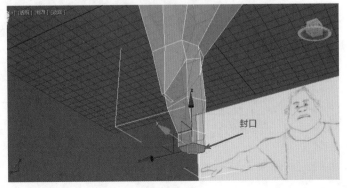

图4-174

STEP 8 选择角色脚部的面，单击"编辑多边形"选项组中的"挤出"按钮，挤压出角色的脚部造型，如图4-175所示。

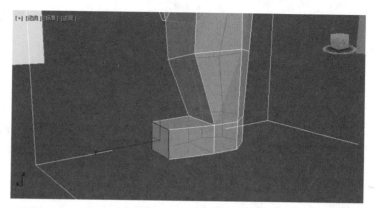

图4-175

STEP 9 继续通过添加循环边和调节点的操作，塑造角色身体模型，如图4-176所示。

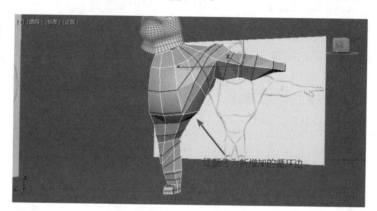

图4-176

提 示

在制作角色模型身体部分的时候，一定要从整体入手，不要拘泥于小结构的变化，力求一气呵成，把整体比例关系塑造出来。

4.4.6 制作角色的手部

STEP 1 在角色的手臂末端创建一个长方体，增加片段数。切换到面的编辑层级，选择靠近大拇指位置的两个面，挤压出大拇指的造型，如图4-177和图4-178所示。

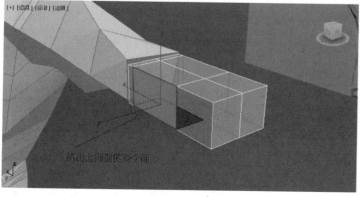

图4-177

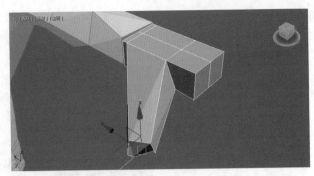

图4-178

STEP 2 在角色食指的地方创建一个新的长方体，将它转换成可编辑多边形，选择底部的面并且将它删除，并复制出三个，分别用来制作角色的中指、无名指和小拇指，如图4-179所示。

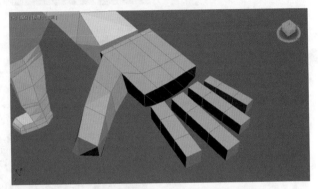

图4-179

STEP 3 选择角色手部的模型，单击"编辑几何体"中的"附加"按钮，再依次选择其他4个手指模型，使手掌和手指的模型成为一个整体。切换到点的编辑层级，单击"编辑顶点"选项组中的"目标焊接"按钮，分别选择手掌和手指连接处的点，将它们进行焊接，并调节点的位置，如图4-180所示。

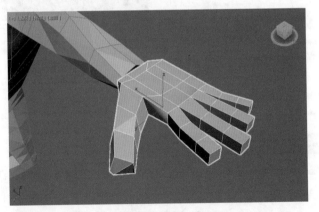

图4-180

STEP 4 选择角色的身体模型，单击"编辑几何体"选项组中的"附加"按钮，再单击角色的手部模型，使手部模型和身体模型成为一个整体，进入点编辑层级，单击"编辑顶点"选项组中的"目标焊接"按钮，对点进行焊接，如图4-181所示。

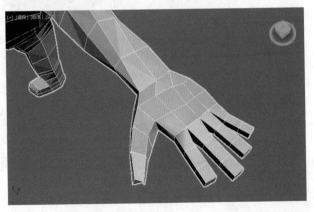

图4-181

STEP 5 选择角色的身体模型，在修改器列表中添加"涡轮光滑"和"对称"命令。选择身体模型，单击"编辑几何体"选项组中的"附加"按钮，再单击角色的头部模型，使头部模型和身体模型成为一个整体，进入点编辑层级，单击"编辑顶点"选项组中的"目标焊接"按钮，对点进行焊接，如图4-182至图4-184所示。

图4-182

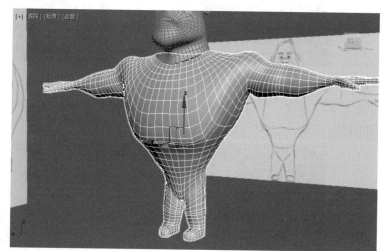

图4-183

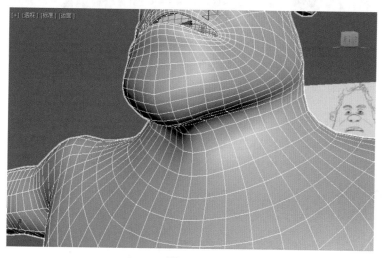

图4-184

4.4.7 制作角色的头发

STEP 1 单击"切换场景资源管理器"按钮，选择角色模型，单击"冻结"按钮。右击"捕捉开关"按钮，弹出"栅格和捕捉设置"对话框，在"捕捉"选项组中勾选"面"，在"选项"选项组中勾选"捕捉到冻结对象"选项，如图4-185至图4-187所示。

图4-185

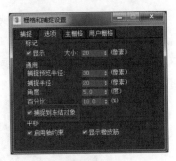

图4-186   图4-187

STEP 2 执行菜单"创建"/"NURBS曲线"/"CV曲线"命令，在角色头顶部位创建若干条用来模拟头发的曲线，如图4-188所示。

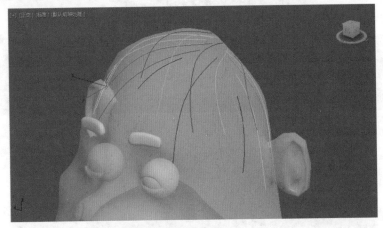

图4-188

STEP 3 选择其中一条曲线，执行修改器列表中的"扫描"命令，在"截面类型"选项组中将"内置截面"类型切换成"圆柱体"，"插值"选项组中的"步数"改为0，并调整"参数"选项组中的"半径"参数。并将其余的曲线也执行同样的操作，如图4-189和图4-190所示。

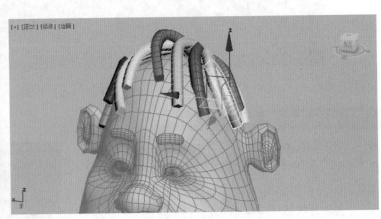

图4-189   图4-190

STEP 4 执行"附加"命令操作，使所有头发模型成为一个整体。在修改器列表中执行"涡轮光滑"命令。进入点的编辑层级，配合"软选择"工具调节角色头发的造型，如图4-191所示。

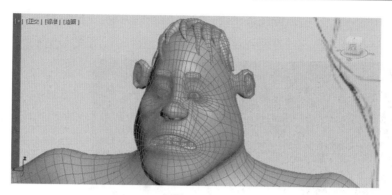

图4-191

4.4.8　制作角色的裤子

STEP 1 ▶ 切换到面的编辑层级，选择角色腿部模型的面。在"编辑几何体"选项组中勾选"约束"选项中的"法线"。切换到移动工具，按住Shift键不放，沿着Z轴向上移动，在弹出的"克隆部分网格"对话框中选择"克隆到对象"选项，如图4-192和图4-193所示。

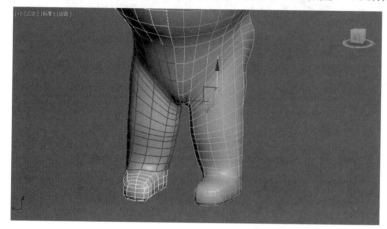

图4-192　　　　　　　　　　　　　　　　　　　　图4-193

STEP 2 ▶ 选择裤子模型，在修改器列表中添加"涡轮平滑"命令。切换到移动工具，利用调节点和"石墨建模工具集"中的"绘制变形"笔刷工具，塑造出裤子褶皱的造型，如图4-194所示。

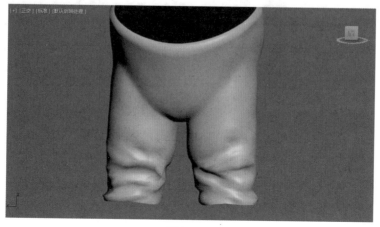

图4-194

STEP 3 选择裤子顶端的面,切换到移动工具,按住Shift键不放,向下移动一点距离,在弹出的"克隆部分网格"对话框中选择"克隆到对象"选项,如图4-195和图4-196所示。

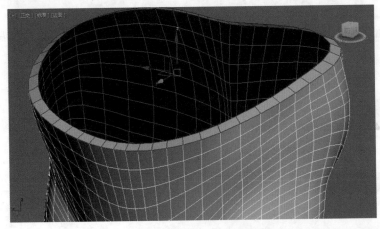

图4-195   图4-196

STEP 4 选择新克隆出的物体,将坐标轴居中。在修改器列表中执行"壳"命令,在"壳"修改器的参数面板中修改"内部量""外部量"和"分段"参数。最后为裤带模型在修改器列表中添加"涡轮平滑"命令,如图4-197所示。

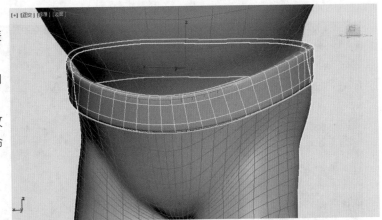

图4-197

STEP 5 选择裤带上的面,将它克隆出来,用来塑造出裤带卡扣的造型。在修改器列表中添加"壳"命令。进入点的编辑层级,调节点的位置,如图4-198所示。

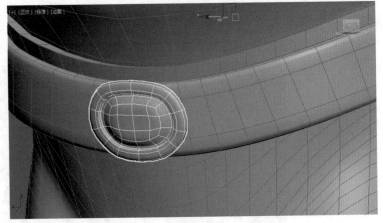

图4-198

4.4.9 ▸ 制作角色的鞋

STEP 1 ▸ 选择角色脚部的面，将它克隆出来，用来模拟角色鞋的造型。执行修改器列表中的"涡轮平滑"命令。选择鞋底部的面，单击"编辑多边形"选项组中的"倒角"按钮，效果如图4-199所示。

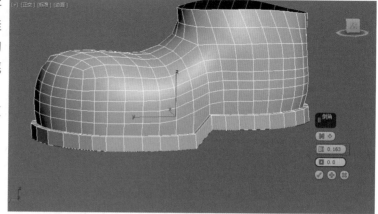

图4-199

STEP 2 ▸ 选择鞋跟处的面，单击"编辑多边形"选项组中的"挤出"按钮，挤压出鞋跟的高度，如图4-200所示。

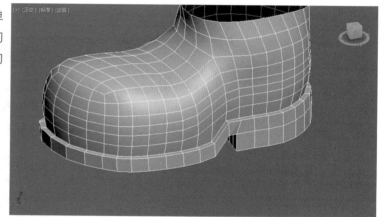

图4-200

4.4.10 ▸ 制作角色的背心

STEP 1 ▸ 选择角色背心的面，将它克隆出来。利用"石墨建模工具集"中的"快速切片"工具，在背心模型上切出背心的轮廓，如图4-201所示。

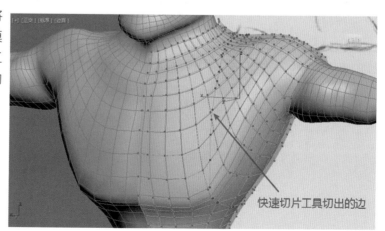

快速切片工具切出的边

图4-201

STEP 2 删除背心造型多余的面，并结合调节点操作使背心的造型匹配参考图。最后为它添加"涡轮平滑"修改器命令，如图4-202所示。

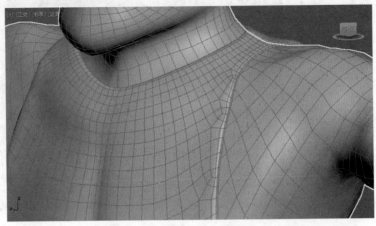

图4-202

STEP 3 最后对角色的整体比例关系进行调整，最终效果如图4-203所示。

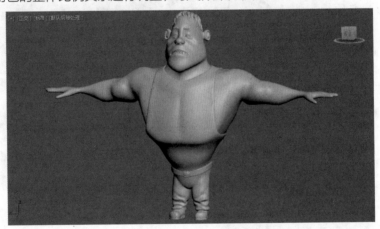

图4-203

制作总结

通过以上的例子我们看出多边形建模常用的命令不是很多，实际上建模主要考察制作者的造型能力，我们在平时一定要多多积累，有意识地锻炼我们的造型和审美能力，就像在本书开始的时候提到过的，软件毕竟只是工具而已。

第 5 章

NURBS建模

NURBS(non uniform rational B-spline)翻译为非均匀有理B样条曲线，是曲面建模的行业标准，尤其适合创建复杂的工业产品模型。NURBS建模的优点是稳定性较好，造型准确。我们可以使曲线通过挤出命令或者车削修改器来生成基于NURBS曲线的三维曲面，还可以将NURBS曲线作为放样的路径或者图形。NURBS非常适合建模初期整体轮廓的塑造，然后可以将它转换成多边形，再进行细节上的塑造。

5.1 NURBS 曲线基本体

NURBS曲线是图形对象，针对曲线可以使用挤出或者车削修改器生成NURBS曲面，也可以将NURBS曲线作为放样的路径或图形。3ds Max 2018提供了两种基本曲线——点曲线和CV曲线，如图5-1至图5-3所示。

点曲线： 点曲线是NURBS曲线的一种，其中线上的点被约束在曲线上。

CV曲线(控制点曲线)： 是由顶点控制的曲线，这些控制点不在曲线上，而每一个控制点都具有一个权重，从而可以通过调整这些控制点来改变曲线。

图5-1

图5-2

图5-3

5.2 NURBS 曲面基本体

NURBS曲面是NURBS曲面建模的基础，在创建面板中创建的初始曲面是带有点或者CV的平面。可以通过移动CV或者NURBS点、附加其他对象、创建子对象等来修改初始曲面，如图5-4至图5-6所示。

图5-4

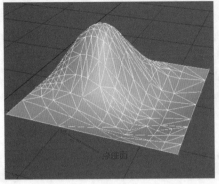

图5-5

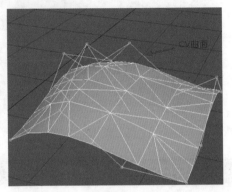

图5-6

| 5.3　NURBS 子对象

在创建NURBS曲面基本体或者曲线基本体后，进入修改面板会有一系列的参数选项组，这些选项组很重要的功能就是为曲面基本体或者曲线基本体添加子对象，而添加子对象的操作一般是通过NURBS工具箱来完成，如图5-7和图5-8所示。

图5-7

图5-8

| 5.4　NURBS 工具箱

NURBS工具箱包含了用于创建和编辑NURBS子对象的按钮，共分成三个部分，分别是点、曲线、曲面。

5.4.1 ▶ NURBS点子对象

NURBS工具箱最上面一行用于创建点子对象。创建点子对象后，可以用曲线按钮来创建曲线，也可以使用从属点来修剪、编辑曲线，如图5-9所示。

图5-9

　　点子对象 ▲： 用于创建单独的点，没有附加的参数控制。

　　偏移点子对象 ▲： 用于创建与现有点重合的从属点或在现有点相对距离上创建点。

　　曲线点子对象 ✦： 用于创建依赖于曲线或相关的从属点。该点既可以位于曲线之上，也可以偏离曲线。

　　曲线相交点子对象 ✦： 用于创建在两条曲线的相交处的从属点。

　　曲面点子对象 ▦： 用于创建依赖于曲面或与其相关的从属点。

　　曲面相交点子对象 ▦： 用于创建在一个曲面和一条曲线的相交处的从属点。

5.4.2　NURBS曲线子对象

　　曲线子对象是指独立的曲线、CV曲线或是从属曲线。从属曲线是指几何体依赖NURBS中其他曲线、点或者曲面的曲线子对象，如图5-10所示。

图5-10

　　创建CV曲线子对象 ▦： CV曲线子对象类似于对象级的CV曲线，主要差别在于不能在子对象层级上给出CV曲线的渲染厚度。

　　创建点曲线子对象 ✦： 点曲线子对象类似于点对象级的点曲线，点被约束在该曲线上。主要区别在于不能在子对象层级上给出点曲线的渲染厚度。

　　创建拟合曲线子对象 ▲： 创建拟合在选定点上的点曲线。该点可以是创建点曲线和点曲面对象的部分或者可以是创建点的对象，但它们不能是CV曲线。

　　创建变换曲线子对象 ▨： 变换曲线是具有不同位置、旋转或缩放的原始曲线的副本。

　　创建混合曲线子对象 ～： 将一条曲线的一端与其他曲线的一端连接起来，从而混合父曲线的曲率，以在曲线之间创建平滑的曲线。可以将相同类型的曲线、点曲线与CV曲线相混合，将从属曲线与独立曲线混合起来。

　　创建偏移曲线子对象 ▨： 偏移曲线中心向内或者向外以辐射方式复制曲线，类似制作轮廓曲线，可以偏移平面和3D曲线。与变换曲线不同的是，偏移曲线子对象的大小与源曲线不同，而变换曲线子对象的大小与源对象相同。

　　创建镜像曲线子对象 ◤： 镜像曲线命令是原始曲线的镜像图像操作。

　　创建切角曲线子对象 ▨： 切角曲线命令可以在两条曲线之间创建倒角的曲线。

　　创建圆角曲线子对象 ▨： 圆角曲线命令可以在两条曲线之间创建圆角的曲线。

　　创建曲面相交曲线子对象 ▨： 创建由两个曲面相交定义的曲线。

　　创建U向等参曲线子对象 ▤： 创建从NURBS曲面等参线创建的从属曲线，可以使用U向等参曲线来修改曲面。

　　创建V向等参曲线子对象 ▥： 创建从NURBS曲面等参线创建的从属曲线，可以使用V向等参曲线来修改曲面。

　　创建法向投影曲线子对象 ▨： 法向投影曲线的创建依赖于曲面，该曲线基于原始曲线，以曲面法线方向投影到曲面，可以将法向投影曲线用于修剪曲面。

创建向量投影曲线子对象█：向量投影曲线的创建依赖于曲面，除了从原始曲线到曲面的投影位于可控制的矢量方向外，该曲线几乎与法向投射曲线完全相同，可以将矢量投影曲线用于修剪。

　　创建曲面上的CV曲线子对象█：创建曲面上的CV曲线类似于普通的CV曲线，只不过其位于曲面上，该曲线的创建方式为绘制，而不是从不同的曲线上投射。

　　创建曲面上的点曲线子对象█：创建曲面上的点曲线类似于普通的点曲线，只不过其位于曲面上。该曲线的创建方式为绘制，可以将此曲线类型用于修剪其所属的曲面。

　　创建曲面偏移曲线子对象█：创建依附于曲面上的偏移曲线，换句话说，该曲线位置位于曲面的上方或下方，偏移量由曲面的法线方向决定。

　　创建曲面边曲线子对象█：创建位于曲面边界上的曲线，该曲线可以是曲面的原始边界，或者由曲面的修剪边构成。

5.4.3　NURBS曲面子对象

　　曲面子对象既可以是独立的点曲面和CV曲面，也可以是从属曲面。从属曲面是指由其他几何体模型创建出来的曲面或曲面子对象。如若更改原始父曲面或曲线的几何体时，从属曲面也随之更改。创建NURBS曲面的子对象工具集如图5-11所示。

　　创建CV曲面子对象█：CV曲面是NURBS曲面，CV位于曲面之上，定义一个控制晶格包住整个曲面。其中每个CV均有相应的权重，通过调整权重从而更改曲面形状。

图5-11

　　创建点曲面子对象█：类似于对象点曲面，这些点被约束在曲面上。

　　创建变换曲面子对象█：创建具有不同位置、旋转、缩放的原始曲面的副本。

　　创建混合曲面子对象█：混合曲面是将一个曲面与另一个曲面相连接。

　　创建偏移曲面子对象█：偏移曲面是沿着父曲面法线与指定的原始距离偏移。

　　创建镜像曲面子对象█：镜像曲面是原始曲面的镜像图像。

　　创建挤出曲面子对象█：从曲面子对象中挤出，与使用挤出修改器创建的曲面类似，但优势在于挤出子对象是NURBS模型的一部分，因此可以使用它来构建曲线和曲面子对象。

　　创建车削曲面子对象█：车削曲面将通过曲线子对象生成。与使用车削修改器创建曲面类似，但优势在于车削子对象是NURBS模型的一部分，因此可以使用它来构造曲线和曲面子对象。

　　创建规则曲面子对象█：规则曲面是通过两条曲线子对象生成，这将使用曲线以设置曲面的两个相反边界。

　　创建封口曲面子对象█：使用封口曲面命令可以创建封口闭合曲线或闭合曲面边的曲面，尤其适用于挤出曲面。

　　创建UV向放样曲面子对象█：UV向放样曲面与U向放样曲面相似，但是在V向和U向包含一组曲线，更有益于控制放样图形，并且达到所要结果需要的曲线更少。

　　创建单轨道扫描曲面子对象█：扫描曲面由曲线构成，一个单轨扫描曲面至少由两条曲线构成。一条为轨道曲线，定义了曲面的边，另一条曲线定义了曲面的横截面。

创建双轨扫描曲面子对象：扫描曲面有曲线构成，一条双轨扫描曲面至少使用三条曲线、两条轨道曲线、一个曲面横截面。

创建多边混合曲面子对象：多边混合曲面填充了由三个或者四个曲线或曲面子对象定义的边。与规则、双面混合曲面不同，曲面或者曲线的边必须是闭合的。

创建多重曲线修剪曲面子对象：多重曲线修剪曲面是用多条组成环的曲线进行修剪的曲面。

创建圆角曲面子对象：创建连接其他两个曲面的弧形转角，通常使用圆角曲面的两边来修剪父曲面，并在圆角和父曲面之间创建一个圆滑过渡的曲面。

5.5　NURBS 建模实例：花瓶

STEP 1 启动3ds Max 2018，在顶视图中创建一个星形的样条线，在"参数"选项组中调整星形的半径和圆角半径参数，如图5-12和图5-13所示。

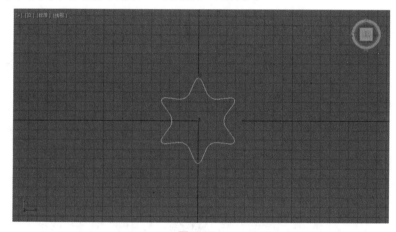

图5-12　　　　　　　　　图5-13

STEP 2 在顶视图中继续创建圆形样条线，并将其复制两个。分别调整这3个圆形的位置和大小，如图5-14所示。

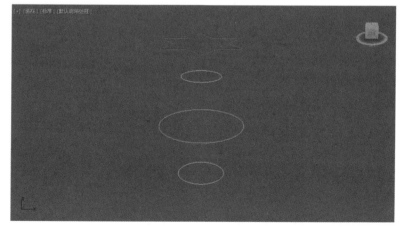

图5-14

STEP 3 选择所有的样条线，将它们转换成NURBS，如图5-15所示。

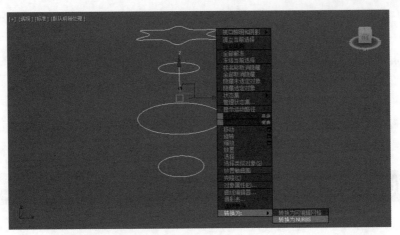

图5-15

STEP 4 进入NURBS工具箱，单击"创建U向放样曲面"按钮。依次选择这4条NURBS曲线，完成放样操作，如图5-16和图5-17所示。

图5-16

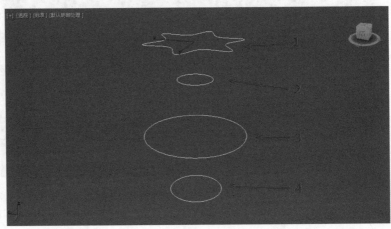

图5-17

STEP 5 如若花瓶产生错误的形态，进入修改面板，在"U向放样曲面"选项组中，勾选"自动对齐曲线起始点"和"翻转法线"选项，如图5-18所示。

STEP 6 进入NURBS工具箱，单击"创建封口曲面"按钮，如图5-19所示。在透视图中选择花瓶底部最下面的曲线，完成花瓶的建模操作，最终效果如图5-20所示。

图5-18

图5-19

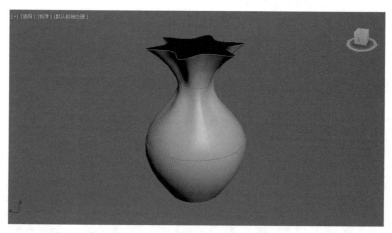

图5-20

| 5.6 NURBS 建模实例：滑板

STEP 1 在顶视图中创建一个半径为40厘米的圆形样条线。在创建完成后，先将它转换成"可编辑样条线"。进入线段编辑层级，选择圆形一半的线段，单击"几何体"选项组中的"拆分"按钮，为圆形增加片段数，如图5-21和图5-22所示。

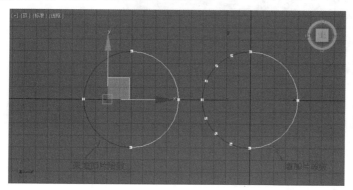

图5-21   图5-22

STEP 2 切换到顶点编辑层级，删除圆形一边的顶点，并将上下两边的顶点转换成角点，如图5-23所示。

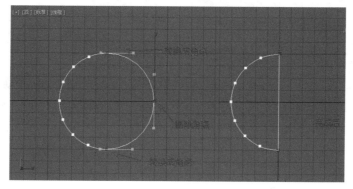

图5-23

STEP 3 进入线段编辑层级，选择圆形左边两条线段，在"几何体"选项组中勾选"分离"按钮的"同一图形"选项，并单击"分离"按钮。完成操作后，将它转换成NURBS，如图5-24和图5-25所示。

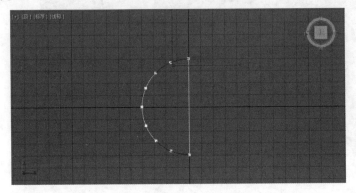

图5-24　　　　　　　　　　　　　　　　图5-25

STEP 4 进入曲线编辑层级，选择半圆形对边的曲线，单击"CV曲线"选项组中的"重建"按钮，在弹出的"重建CV曲线"对话框中将数量改为8段，如图5-26和图5-27所示。

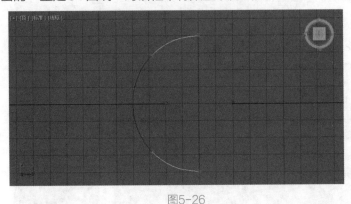

图5-26　　　　　　　　　　　　　　　　图5-27

STEP 5 进入NURBS曲面层级，单击NURBS工具箱，单击"曲面"选项组中的"创建多边混合曲面"按钮，并依次单击半圆形的每条曲线，如图5-28和图5-29所示。

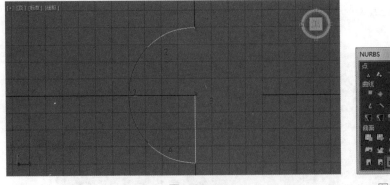

图5-28　　　　　　　　　　　　　　　　图5-29

STEP 6 选择当前的NURBS曲面，单击工具栏中的"镜像"按钮，将它镜像出一个新的NURBS模型。进入NURBS曲面修改面板，单击"常规"选项组中的"附加"按钮，将两个模型连接成为一个模型，如图5-30所示。

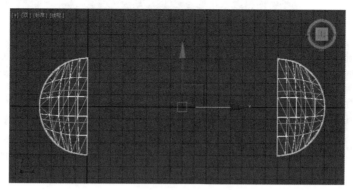

图5-30

STEP 7 进入曲面编辑层级，分别选择两个半圆形，单击"曲面公用"选项组中的"使独立"按钮。单击NURBS工具箱中的"曲面"选项组中的"创建规则曲面"按钮，将半圆中间部分连接起来，如图5-31和图5-32所示。

图5-31

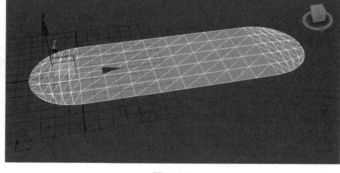

图5-32

STEP 8 选择中间部分的曲面，将它独立出来。单击"CV曲面"选项组中的"重建"按钮，在弹出的"重建CV曲面"对话框中将"U向数量"改为8，"V向数量"改为12。进入曲面编辑层级，将三个曲面连接起来，如图5-33和图5-34所示。

图5-33

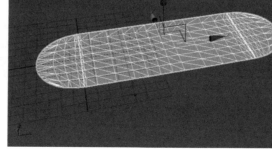

图5-34

STEP 9 选择曲面，将它克隆出一个并向下移动一定距离。单击NURBS工具箱中的"创建曲面边曲线"按钮，再分别单击上下两个曲面的边，将它们的曲线边提取出来，如图5-35和图5-36所示。

图5-35

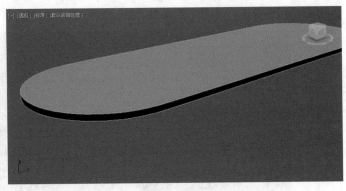

图5-36

STEP 10 ▶ 单击NURBS工具箱中"创建规则曲面"按钮，再分别单击新提取出的曲线，将滑板的厚度创建出来，如图5-37和图5-38所示。

图5-37

图5-38

STEP 11 ▶ 进入曲面CV编辑层级，选择滑板两头的点进行调节，使滑板的两头向上翘起，调节出滑板的造型，如图5-39所示。

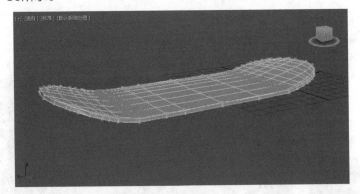

图5-39

STEP 12 ▶ 在顶视图中创建一个长度CV数为14、宽度CV数为8的CV曲面，将它放在滑板的底部，用来模拟滑板底部的连接物。选择CV曲面上的点进行调节。进入NURBS工具箱，单击"创建曲面边曲线"按钮，将曲面的四条边提取出来，并向上移动一点距离，如图5-40和图5-41所示。

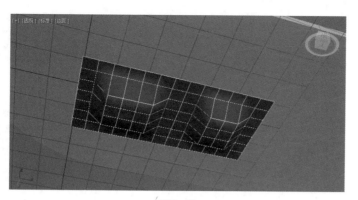

图5-40

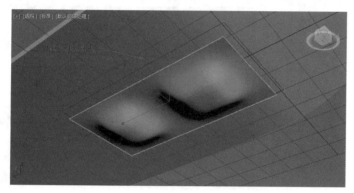

图5-41

STEP 13 单击NURBS工具箱中的"创建U向放样曲面"按钮，在新提取的曲线和原始的曲面之间放样出新的曲面，如图5-42所示。

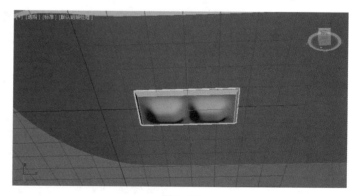

图5-42

STEP 14 在滑板的中心位置创建一个圆柱体，并将它转换成NURBS。进入曲面CV编辑层级，单击"插入"选项组中的"列"按钮，为圆柱体的两侧添加若干片段数。选择NURBS圆柱体上的CV 点，利用缩放和移动工具调节圆柱体的造型，如图5-43和图5-44所示。

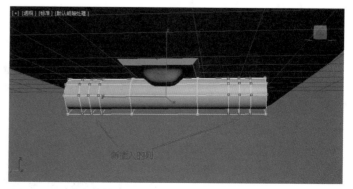

图5-43

STEP 15 创建一个圆环，进入修改面板，将圆环的分段数改为12段、边数改为8段，并将圆环转换成NURBS物体。切换到曲面编辑层级，单击"曲面公用"选项组中的"断开行"按钮，对圆环的表面进行切割，并将余下的删除，只保留原始圆环大约1/4左右。利用移动和缩放工具对其进行造型操作，如图5-45至图5-47所示。

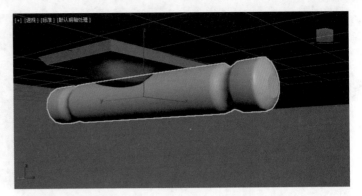

图5-44

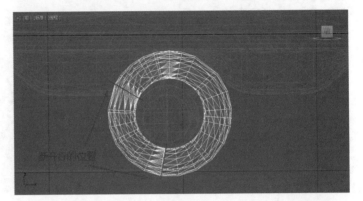

图5-45

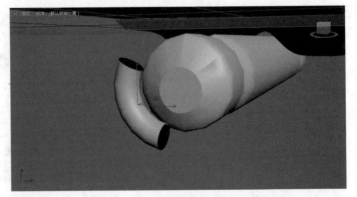

图5-46

STEP 16 创建一个圆柱体，将它转换成NURBS物体。进入曲面CV编辑层级，通过"插入列"和调节CV点的命令操作对圆柱体进行造型，如图5-48所示。

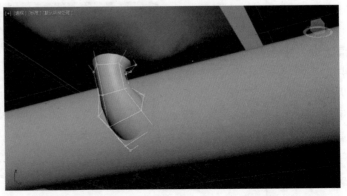

图5-47

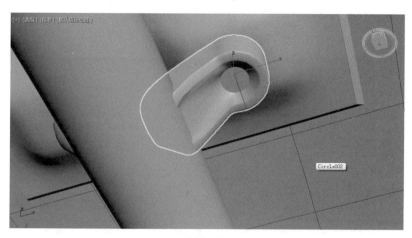

图5-48

STEP 17 选择圆柱体，进入NURBS曲面修改层级，单击"常规"选项组中的"附加"按钮，将其他两个NURBS物体添加进来，使它们成为一个统一的NURBS物体。单击NURBS工具箱中的"创建圆角曲面"按钮，在物体中间的交汇处创建平滑的过渡曲面，如图5-49和图5-50所示。

图5-49

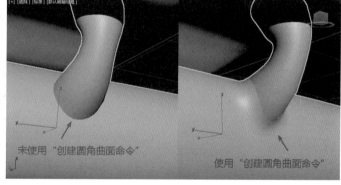

未使用"创建圆角曲面命令"   使用"创建圆角曲面命令"

图5-50

STEP 18 创建一个分段数为18、边数为12的圆环，并将它转换成NURBS物体，作为滑板的轮。再创建一个圆柱体，将它转换成NURBS物体，使用移动工具将它放在滑板轮子的中心，来模拟轮子的中心物体，如图5-51所示。

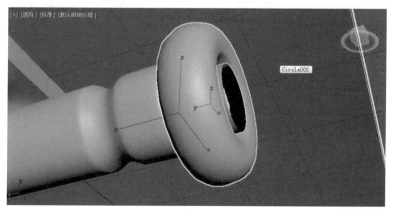

图5-51

STEP 19 选择轮子轴心物体，将它的顶面和底面删除。进入曲面CV编辑模式，结合移动和缩放工具对它进行调节，如图5-52所示。

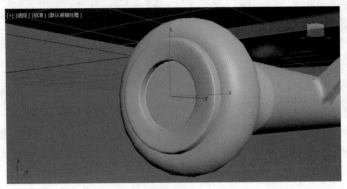

图5-52

STEP 20 创建一条多边形样条线，对齐到轮子的中心位置，并将它转换成NURBS。单击NURBS工具箱中的"创建挤出曲面"按钮，对它进行挤出操作，如图5-53和图5-54所示。

图5-53

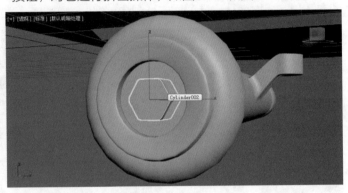

图5-54

STEP 21 最后将轮子进行打组和镜像命令操作，最终效果如图5-55所示。

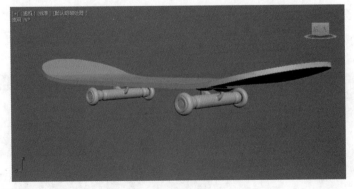

图5-55

制作总结

通过上面的例子我们不难看出NURBS建模就好像是在织毛衣一样，先用线条搭出大体的形状和结构，线条间的曲面都是依靠类似曲面成型的命令来一次完成的，所以NURBS建模线条的大体结构是整个建模的关键。

第6章
材质和贴图

三维动画最终是要制作出动态或者静态的图像，是作为一种艺术让人们欣赏的。在三维动画制作的过程中，建模是第一步，然而一幅好的作品，材质、纹理贴图、灯光效果等也是非常重要的因素。

在三维软件里，材质是指物体表面的特性。它决定着物体的着色方式，例如颜色、光亮程度、自发光、不透明度、反射、折射等。任何物体的材质属性都是与灯光相辅相成的，并通过调节材质属性再通过着色渲染出来，以模拟出物体在特定环境下的光影状态。所以说材质、贴图、灯光、渲染4个模块之间是相辅相成的，互相影响的。

6.1 材质编辑器

在完成了模型的制作后，就可以打开材质编辑器来对模型的材质属性进行编辑了。单击3ds Max 2018工具栏中的"材质编辑器"按钮，或按键盘的M键，就可以打开材质编辑器。3ds Max 2018的材质编辑器共有两种显示模式，一种是可视化的节点显示方式，是以图形的输入和输出接口来展示材质属性链接的，可以比较直观地编辑材质的各种属性。另一种是精简示例窗口显示方式，这种显示方式可以预览材质和贴图，默认的情况下一次显示6个材质示例窗，如果处理复杂的场景模型，一次查看多个材质，使用这种精简的显示模式是非常方便的。两种显示方式如图6-1和图6-2所示。

图6-1

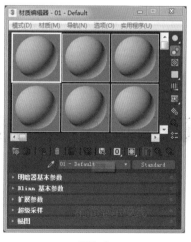

图6-2

在精简显示模式视窗的右侧和下方是材质工具栏的各种工具图标，用于管理和更改贴图及材质。下面将从右方开始依次介绍材质编辑器工具栏中各种图标的功能。

采样类型◉： 采样类型按钮可以选择要显示在活动示例窗中的几何体。采样类型图标内包含三个子图标●●■，分别为显示球体上的材质、显示圆柱体上的材质和显示立方体上的材质。

背光◉： 开启或关闭为示例材质球打开背光灯。在默认的情况下此图标为开启状态。

采样UV平铺▦： 采样UV平铺按钮可以在活动的示例窗中调整采样对象贴图的重复率，此功能只对示例窗中的平铺图案产生影响，对场景中的模型不产生影响。

视频颜色检查▥： 视频颜色检查按钮可以用来比较材质的颜色与NTSC制式和PAL制式的视频颜色标准。

生成预览▣： 此按钮可以使动画贴图在场景添加运动。

选项▨： 此按钮将开启设置材质编辑器的各种参数。

按材质选择▣： 此按钮可以按材质编辑器中的材质选择场景中的对象。如果示例窗中包含场景中使用的材质，则该图标将不能使用。

材质/贴图导航器▣： 此按钮显示当前活动示例窗中的材质和贴图。通过单击列在导航器中的材质或贴图，可以导航当前材质的层次。

获取材质▣： 单击此按钮，将弹出材质和贴图浏览器窗口。

将材质放入场景▣： 单击此按钮，将在编辑材质之后更新场景中的材质。

将材质指定给选定对象▣： 单击此按钮，可将示例窗中的材质应用于场景中选定的对象。

生成材质副本▣： 此按钮可以在选定的样本中创建当前材质的副本。

使唯一▣： 此按钮可以使贴图实例成为唯一的副本。还可以使一个实例化的子材质成为唯一的独立材质。

放入库▣： 此按钮可以将选定的材质添加到当前的库中。

材质ID通道◎： 按住此按钮不放，可以弹出1~15范围的子图标。其中默认为0，表示未指定材质效果。

视口中显示明暗处理材质▣： 此按钮可以在当前视图中显示二维材质的贴图。

显示最终结果▣： 此按钮将显示材质示例中所有层级的最终显示效果。

转到父对象▣： 此按钮可以从下一级转移到上一级材质编辑状态。

转到下一个同级项▣： 此按钮可以转移到同一层级的下一个贴图或材质编辑状态。

从对象拾取材质✐： 此按钮可以将场景中对象上的材质加载到当前的样本中。

| 6.2 标准材质 　　　　　　Q

标准材质为材质编辑器中的默认材质，是最常用的材质类型。其他材质类型还包括物理材质、DirectX Shader、Ink Paint、双面、变形器、合成、壳材质、外部参照材质、多维/子对象、无光/光影、混合、虫漆、顶/底、光线跟踪、建筑、高级照明覆盖材质，如图6-3所示。

图6-3

标准材质类型为表面建模提供了非常直观的观察方式。在现实世界中，物体表面的外观取决于它如何反射光线、接受光线。如果不使用贴图，标准材质会为对象提供单一的颜色。

6.2.1 明暗器卷展栏

标准材质提供了8种着色模式和4种场景对象材质的显示模式。8种着色模式分别是各向异性、Blinn、金属、多层、Oren-Nayar-Blinn、Phone、Strauss、半透明明暗器。4种显示模式分别是线框、双面、面贴图、面状模式，如图6-4和图6-5所示。

图6-4　　　　　　　　　　　　　　图6-5

8种着色模式的含义如下。

各向异性： 可以看作是一种对物体高光控制的着色器。从水平或者垂直两个方向来调节物体的高光属性，比较适合模拟各种金属效果。

Blinn： 默认的着色方式，与Phone相似，适合为大多数的物体对象进行着色。

金属： 一种金属材质的着色方式，能表现出金属材质特有的高光和反射。

多层： 为表面特征复杂的材质对象进行着色。

Oren-Nayar-Blinn： 为表面粗糙的对象进行着色。

Phone： 光滑的着色方式，效果柔软细腻。

Strauss： 简单的光影分界线着色方式，可以为金属或者非金属对象进行着色。

半透明明暗器： 一种半透明的着色方式，受到光线穿透物体材质的透光量的影响。

4种场景对象材质显示模式的含义如下。

线框： 线框结构显示模式。

双面： 双面材质显示模式。

面贴图： 将材质赋予对象所有的面。

面状： 将材质以面的形式赋予对象。

6.2.2 Blinn基本参数卷展栏

标准材质的Blinn基本参数用于设置标准材质的各种属性，包括颜色、反光、透明度等。其参数卷展栏包括颜色通道和强度通道两部分。其中颜色通道有阴影色区、固有色区和高光色区。强度通道有自发光区、不透明区和高光曲线区，如图6-6所示。

图6-6

Blinn基本参数卷展栏的参数解释如下。

环境光： 材质阴影区域反射的颜色。

漫反射： 材质直射光区域的颜色。

高光反射： 材质高光区域直接射入到人眼的颜色。

自发光： 制作灯光或者发光物材质时要应用此控制区选项。

不透明度： 控制自发光材质透明度的选项。

反射高光： 包括"高光级别""光泽度""柔化"三个参数及右侧的"曲线"显示框，其作用是分别调节材质高光区域的属性。

6.2.3 扩展参数卷展栏

扩展参数卷展栏是基本参数区的延伸，包括高级透明控制区、线框材质控制区和反射暗淡控制区三个部分，如图6-7所示。

图6-7

衰减： 两种透明材质的不同衰减效果。内、外两种衰减程度由衰减数量控制。

类型： 控制材质不透明度参数的三种透明过滤方式，分别为过滤、相减、相加。过滤方式是计算与透明曲面后面的颜色相乘的过滤色。相减方式是与透明曲面后面的颜色相减。相加方式是增加到透明曲面后面的颜色中。折射率是设置材质折射率的大小。

线框： 与基本参数区中的"线框"选项结合使用，可以做出不同的线框效果。"大小"选项用来控制线框的粗细。"按"选项用来选择单位。

反射暗淡： 用来控制使用反射贴图的材质使用。

6.2.4 超级采样卷展栏

超级采样多用来针对凹凸贴图很强的材质对象。可以改善场景对象渲染质量，并对材质表面进行抗锯齿计算，提高反射、高光的质量。在提高了渲染质量的同时渲染时间也相对增长，如图6-8所示。

6.2.5 贴图卷展栏

贴图卷展栏是制作材质的关键。3ds Max 2018提供了12种贴图方式，每一种贴图类型都有其特殊的作用，其中"数量"参数用来控制此贴图方式在材质表面属性强度的百分比。"贴图类型"按钮是此贴图方式的连接按钮，如图6-9所示。

图6-8

贴图卷展栏中各贴图通道参数如下。

环境光颜色： 默认状态为灰色，通常状态下不单独使用，经常与漫反射贴图结合使用。

漫反射颜色： 材质的固有色贴图，应用于漫反射通道上，用来表现材质纹理的效果，是最常用的一种贴图。

高光颜色： 高光贴图与漫反射贴图原理相同，用来制作材质高光部分的贴图纹理。

高光级别： 与高光贴图相同，但效果的强弱取决于参数中的高光强度。

光泽度： 用来控制高光处贴图的光泽度。

自发光： 用来控制材质部分的发光效果，贴图的白色区域为完全发光，黑色区域为完全不发光。

图6-9

不透明度： 用来控制材质的透明效果。贴图白色区域为完全不透明，黑色区域为完全透明。

过滤色： 用于影响透明或者半透明材质的透射颜色。

凹凸： 根据贴图的明暗强度使材质表面产生凹凸的效果。当数值大于0时，贴图的深色区域产生凹陷效果，浅色区域产生凸起效果。

反射： 用来模拟材质表面产生反射周围环境的效果。

折射： 用于制作水、玻璃等材质产生折射的效果。可通过参数控制面板中的折射贴图和光线跟踪折射率来进行调节。

置换： 用来模拟几何体表面产生位移的效果。与凹凸贴图的计算方式不同，置换贴图实际上是更改了几何体的细分数，从而产生位移的效果。

6.3 其他材质类型

除了标准材质外，3ds Max 2018还提供了一些其他材质，用来模拟一些特殊情况下的材质内容，例如双面材质、合成材质、混合材质、多维/子对象材质等等。

6.3.1 双面材质

双面材质可以在对象正面和背面指定两个不同的材质。一般情况下任何物体只有正面可以看见，而背面是不可见的，因为在默认情况下，对象物体的正面为法线指向的正方向，而背面为法线指向的反方向，如图6-10所示。

6.3.2 顶/底材质

顶/底材质可以在对象的顶部和底部指定两个不同的材质，也可以将两种材质混合在一起。一般

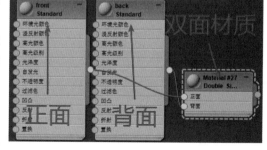

图6-10

情况下，对象的顶面是法线指向的正方向，底面是法线指向的反方向，如图6-11和图6-12所示。

世界： 按照场景的世界坐标让各个面朝上或者朝下。旋转对象时，顶面和底面之间的边界仍保持不变。

局部： 按照场景的局部坐标让各个面朝上或者朝下。旋转对象时，材质随着对象旋转。

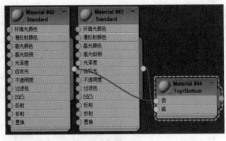

图6-11   图6-12

　　混合：混合顶部材质和底部材质之间的边缘。当数值为0时，顶部材质和底部材质之间的界限明显；当数值为100时，顶部材质和底部材质之间的界限彼此混合。

　　位置：确定两种材质在对象上划分的位置。当数值为0时，表示划分位置在对象的底部，只显示顶材质；当数值为100时，表示划分位置在对象的顶部。

6.3.3 混合材质

　　混合材质可以在物体的表面上对两种材质效果进行混合，并通过遮罩效果对两种材质的显示效果进行更为精细的调节，如图6-13和图6-14所示。

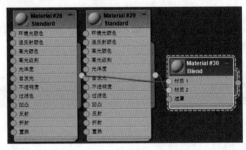

图6-13   图6-14

　　材质1、材质2：选择或者创建两个用以混合的材质。可以使用后面的复选框来启用或者禁用该材质。

　　遮罩：选择或者创建用作遮罩的贴图。根据贴图的强度两个材质会以更大或者更小的参数进行混合。较明亮的区域显示材质1，较暗的区域则显示材质2。

　　混合曲线：以曲线的方式调节混合的参数。

6.3.4 虫漆材质

　　虫漆材质是通过两种材质的颜色混合、叠加出一种颜色材质。其中两种材质混合、叠加是可以通过混合参数来调节，如图6-15和图6-16所示。

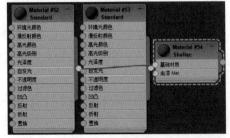

图6-15   图6-16

6.3.5　多维/子对象材质

多维/子对象材质可以对几何体的子对象级
别分配不同的材质，如图6-17和图6-18所示。

设置数量： 设置构成材质子对象的数量。

添加、删除： 添加或者删除多维子对象材质
中的子材质。

启用/禁用： 启用或者禁用对象材质中的子
材质。

图6-17　　　　　　　　　图6-18

> **提　示**
>
> 多维/子对象材质将会在后面的案例中详细介绍。

6.4　材质应用实例：桌面一角

制作思路

★ 设定好工程文件的路径，并把相应的素材复制到正确的文件路径中。

★ 场景模型的UV已经展平，并且架设了简单的灯光，我们只要考虑如何制作材质效果即可，关
于UV和灯光会在后面的章节中详细介绍。

★ 可将场景内的材质分成4个部分，分别是普通效果材质、反射效果材质、多重效果材质和有色
玻璃效果材质。

6.4.1　制作普通材质贴图

在本例中，类似墙上的照片、书桌上的本子、瓶子上的图案等模型都是没有非常明显的反射和
折射效果的。类似于这种材质效果，我们就可以简单地给材质一个漫反射贴图即可。

STEP 1 创建一个新的3ds Max工程文件，并改名为TextureMaterial。将本书配套资源中的
"案例文件/第6章 材质和贴图/桌面一角"中的TextureMaterial_01_Done场景文件复制到
TextureMaterial工程文件中的Scenes文件夹内，将"贴图"文件夹内的所有贴图文件复制

到TextureMaterial工程文件中的
Sceneassets/images文件夹内。

STEP 2 启动3ds Max 2018，执行菜
单"文件"/"设置项目文件"命令，
设定好TextureMaterial工程文件。执
行菜单"文件"/"打开"命令，打开
TextureMaterial_01_Done场景文
件，如图6-19所示。

STEP 3 打开"材质编辑器"对话框，
设置材质类型为"标准"材质，改名

图6-19

为"墙上图片_01"。单击"贴图"卷展栏下的"漫反射颜色"通道中的"无贴图"按钮，在弹出的"材质/贴图浏览器"中单击"位图"按钮。加载TextureMaterial"工程文件/Sceneassets/images/墙上的图片_01"。将"墙上的照片_01"材质指定给场景模型中墙上的照片模型，并在视口中显示明暗处理材质，完成材质的指定，如图6-20至图6-23所示。

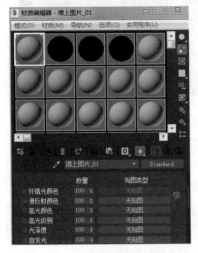

图6-20

图6-21

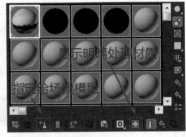

图6-22

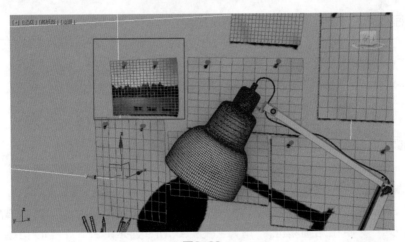

图6-23

STEP 4 运用上述方法，分别完成墙体、墙上的其他照片、书桌及书桌上部分模型的材质指定工作，如图6-24和图6-25所示。

图6-24

图6-25

6.4.2　制作反射效果材质

STEP 1　创建4个标准材质，将它们的漫反射分别调节成红、黄、蓝、黄。设置这4个材质球的"高光级别"为80，"光泽度"为70，这样就能很好地模拟出类似塑料的材质效果。选择场景中塑料墙钉模型，完成材质的指定，如图6-26所示。

图6-26

> **提　示**
>
> 场景中其他类似塑料的材质都可以按照此参数来创建。

STEP 2　新建1个标准材质，用来模拟杯子和笔筒等类似釉面的材质。将"漫反射"调节成白色，设置"光亮级别"为100，"光泽度"为80。在"贴图"卷展栏下激活"反射"通道，并在"贴图类型"中加载"光线跟踪"贴图，设置"反射数量"为30，完成杯子材质的指定，如图6-27至图6-29所示。

没有反射效果　　　　　　　　　反射数量为100　　　　　　　　反射数量为30

图6-27　　　　　　　　　　　　图6-28　　　　　　　　　　　　图6-29

6.4.3 制作多重效果材质

制作思路

闹钟模型是一个材质相对复杂的模型，按照材质的不同将闹表模型分成三个不同的材质组，分别是金属材质组、表盘材质组和表针材质组。如果这三个材质组分别以ID1、ID2、ID3来命名的话，那么ID1材质组将代表金属材质，ID2材质组将代表表盘材质，ID3材质组将代表表针材质。

STEP 1 选择闹钟模型，进入修改面板中的元素编辑层级，选择闹钟的表盘，在"多边形材质 ID"选项组中将ID设置为2。选择表针，将ID设置为3。最后选择闹钟的剩余部分，将ID设置为1。这样我们就将一个复杂的模型按材质不同分成了三个材质组，如图6-30至图6-32所示。

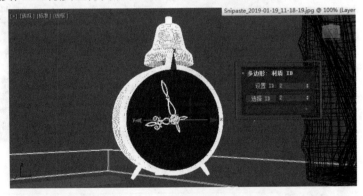

图6-30

图6-31

图6-32

STEP 2 创建一个新的标准材质，用来模拟玻璃材质。设置材质的"漫反射"颜色为黑色，"高光级别"为90，"光泽度"为50，"不透明度"为20。在"贴图"选项组中激活"反射"通道，并为"反射"通道加载"光线跟踪"贴图，最后设置"反射"通道数量为20，并将玻璃材质指定给闹钟的表面，如图6-33所示。

图6-33

STEP 3 创建一个多维/子对象材质，并指定给闹钟模型。设置多维/子对象材质的"设置数量"为3。在ID 1子材质中创建一个标准子材质用来模拟闹钟中所有的金属材质。进入该子材质的参数面板，修改"明暗器基本参数"为"金属"材质。设置"高光级别"为200，"光泽度"为80。在"贴图"选项组中激活"反射"通道，并为"反射"通道加载"衰减"贴图，将"衰减类型"改为"Fresnel(菲尼尔)"，并在"前，侧"衰减通道里加载"光线跟踪"贴图，如图6-34至图6-37所示。

图6-34

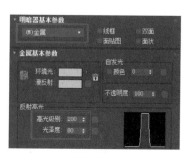

图6-35

图6-36

图6-37

STEP 4 在ID 2子材质中创建一个标准子材质，在该材质的"漫反射"通道中加载配套资源中的表盘贴图。激活该材质"明暗器基本参数"中的"双面"功能，如图6-38和图6-39所示。

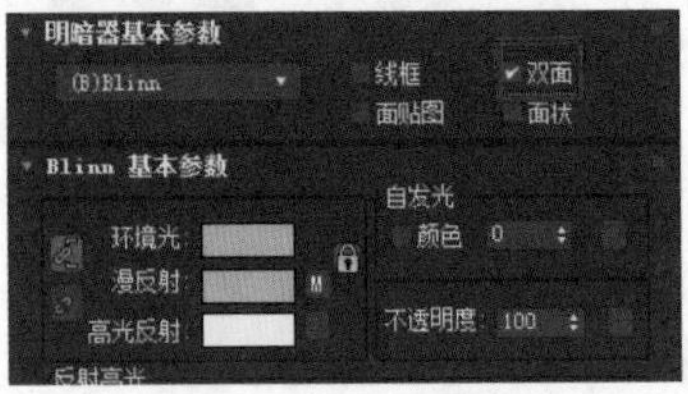

图6-38

图6-39

STEP 5 在ID 3子材质中再创建一个标准子材质，并将该材质的"漫反射"颜色调节成深黑色，用来模拟闹钟的表针，完成闹钟材质的指定。

6.4.4 制作有色玻璃效果材质

STEP 1 创建一个标准材质，调节"漫反射"颜色为深红色，设置"高光级别"为200，"光泽度"为70。在"不透明度"通道中加载"衰减"贴图，并将"衰减类型"改为Fresnel，如图6-40所示。

STEP 2 最终效果如图6-41所示。

图6-40

图6-41

6.5　贴图

贴图可以非常有效地增强材质的真实感，即使模型制作不是很成功，但如果能够把贴图处理好，同样也会得到很好的效果。贴图与材质的关系为从属关系，贴图只是用于模拟物体表面的一种属性，例如透明属性、凹凸属性等，而材质则是由多种贴图集合而成的，最终表现出物体的整体效果。例如模拟玻璃材质，既要表现出玻璃材质的透明感，又要表现出玻璃材质的光滑、折射、反射等物理特质，这就可能要用到三种不同类型的通道贴图，这就是贴图与材质的关系。3ds Max 2018的贴图类型如图6-42和图6-43所示。

图6-42　　　　图6-43

6.5.1 位图贴图

位图贴图是最常用的一种贴图类型。位图是由像素组成的图片，在使用位图贴图类型后，材质编辑器除了共有的"坐标""噪波"卷展栏外，还有打开或者更换图片和电影文件的"位图参数"卷展栏、调整动画的"时间"卷展栏、调整图片色彩和亮度的"输出"卷展栏，如图6-44至图6-46所示。

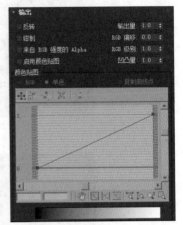

图6-44   图6-45   图6-46

6.5.2 渐变贴图

渐变贴图是用来制作三种不同颜色渐变或三张不同贴图产生的渐变效果。一般应用于天空、大气、海洋等效果的制作，如图6-47和图6-48所示。

颜色2位置：分别调整三种渐变颜色的渐变位置或图片的渐变位置。

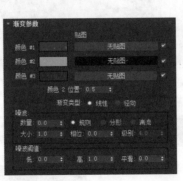

图6-47   图6-48

线性：线性渐变类型。

径向：放射状渐变类型。

数量：决定噪波的程度，最大值为1。

规则：默认选项，常用于表现烟雾、云彩等效果。

分形：常用来表现海水中的影子等效果。

湍流：常用来表现电子波长等效果，能产生一种强烈的变形效果。

大小：控制纹理的大小。

相位：可以在噪波中产生流动的效果，用来制作动画。

级别：只有激活"分形""湍流"模式才能使用，用来调节"分形""湍流"的强度。

低：设置下边噪波移动的方向。

高：设置上边噪波移动的方向。

平滑：设置噪波边缘的柔化程度。

6.5.3 ▶ 渐变坡度贴图

渐变坡度贴图类似渐变
贴图，作用也基本一样，但
是其功能和控制参数更加丰
富。通过增加或者减少颜色
条下边的滑块数量就可以改
变颜色层次的数量，如果要
改变渐变颜色，只需要双击
滑块，就会弹出颜色编辑对
话框，对颜色参数进行相应
调节，如图6-49和图6-50
所示。

图6-49

图6-50

6.5.4 ▶ 细胞贴图

细胞贴图可以用来模拟
地砖、马赛克、生物皮肤等
带有一定肌理效果的贴图，
如图6-51和图6-52所示。

变化：调节细胞变化的
数量，可以让中心部分的颜
色富有深浅变化。

分界颜色：两种颜色代
表细胞边界的颜色。

圆形：默认的细胞形状
选项，使用圆形来表现单元
格。

图6-51

图6-52

碎片：将细胞形状变成棱角分明的多边形。

分形：可以调整上方的"分界颜色"中两个颜色的贴图所占比例关系。

大小：调整单元格大小尺寸。

扩散：用来设定单元格分裂边缘的粗糙程度。

迭代次数：激活"分形"模式才能发挥作用。在位图贴图中可以调整分形的效果程度。

自适应：激活"分形"模式才能发挥作用。可以减少"分形"中贴图出现的棱角，一般为选用
状态。

低：调整单元格的大小，最高值为1。

中：调整单元格第一个边界的颜色幅度。

高：调整单元格分界的颜色，数值越小，分界颜色的幅度就越大。

6.5.5 凹痕贴图

凹痕贴图主要应用于凹凸贴图上，可以用来模拟岩石、马路、被腐蚀的金属等表面带有肌理起伏的效果，如图6-53和图6-54所示。

大小： 调整凹痕贴图的大小。

强度： 整体调整凹痕贴图的强度。

迭代次数： 调整凹痕贴图的重复次数，数值越大物体表面的凹痕数量、复杂性和随机性会相应增加。

图6-53

图6-54

交换： 调换颜色#1和颜色#2的顺序。

颜色#1/颜色#2： 在漫反射贴图中使用凹痕贴图时可以再次进行颜色的编辑，或者在后边的"无贴图"选项按钮中加载使用的贴图，但效果只应用于该图片的亮度信息。

6.5.6 衰减贴图

衰减贴图是基于几何体曲面法线的角度衰减和物体表面接受灯光的角度位置来进行计算的，从而生成由白至黑的过渡，虽然一些效果类似渐变贴图，但两者贴图的计算方法截然不同，如图6-55和图6-56所示。

前/侧： 调节两个颜色之间的均衡度。上边的黑色代表对象中间"前"的颜色，下边的白色代表周围"侧"的颜色。

图6-55

图6-56

衰减类型： 下拉列表里提供了"接近/远离""垂直/平行"、Fresnel、"阴影/灯光"和"距离混合"，共5种衰减类型。

衰减方向： 下拉列表里提供了衰减贴图的轴向。

对象： 需要激活"衰减方向"下拉列表里的"对象"选项。

Fresnel： 在"衰减类型"下拉列表里选择Fresnel才可以使用此选项，可以调节物体折射率的值。

覆盖材质IOR： 激活此选项后才可以调整运用在衰减上的IOR值，一般情况下此选项保持选中状态。

折射率： 调整物体折射率的值。

距离混合参数： 在"衰减类型"下拉列表里选择"距离混合"才可以使用此选项。

近距离： 指定距离混合效果的起始点。

远距离： 指定距离混合效果的结束点。

6.5.7 噪波贴图

噪波贴图是基于两种颜色互相渗透、交互并随机扰动。应用范围很广，可以用来表现水面、云彩、烟雾等效果，如图6-57和图6-58所示。

噪波类型： 共有"规则""分形"和"湍流"三种噪波类型可以选择，用来表现不同的效果。

规则： 制作柔和有一定规律的噪波贴图类型。

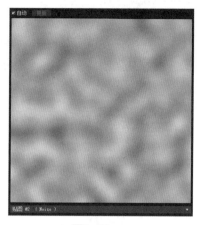

图6-57　　　　　　　　　　图6-58

分形： 制作表面比较粗糙的噪波贴图类型。

湍流： 制作表面更加粗糙且复杂的噪波贴图类型。

噪波阈值： 调整两个颜色区域和浓度。

高： 代表颜色#2的区域大小，数值越小，范围越大，颜色越浓。

低： 代表颜色#1的区域大小，数值越小，范围越大，颜色越浓。

级别： 控制噪波的粗糙程度。

相位： 控制噪波起始点移动的动画效果。

大小： 控制噪波贴图效果的大小。

颜色#1/颜色#2： 颜色#1代表噪波自身纹理的颜色，颜色#2代表噪波背景图案的颜色。

6.5.8 光线跟踪贴图

光线跟踪贴图主要用于模拟物体的反射和折射效果，可以同其他类型的贴图一起使用，并且对于任何类型的材质都有较好的支持。光线跟踪贴图参数较多，包含"光线跟踪参数""衰减""基本材质扩展""折射材质扩展"4个部分，如图6-59至图6-61所示。

局部选项选项组： 共包括"启用光线跟踪""光线跟踪大气""启用自反射/折射"和"反射/折射材质ID"4个复选项，默认状态该4个选项都处于被激活状态。

跟踪模式选项组： 激活"自动检测"，系统会自动进行测试。如果作为反射贴图，将进行反射计算；如果作为折射贴图，将进行折射计算。

背景选项组： 激活"使用环境设置"，将在进行光线跟踪计算时考虑当前环境场景的环境设置。单击色块将用指定颜色替代当前环境，进行光线跟踪计算。贴图按钮可指定一张贴图代替当前环境贴图，进行光线跟踪计算。

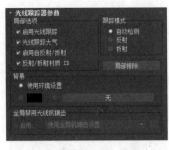

图6-59　　　　　　　　　　　图6-60　　　　　　　　　　　图6-61

衰减卷展栏：用于控制产生光线的衰减，根据距离的远近产生不同强度的反射和折射效果。

衰减类型：下拉列表包括"禁用""线性""平方反比""指数"和"自定义衰减"5个选项。"禁用"为默认选项，选择该选项将关闭衰减参数。"线性"指的是线性衰减，衰减影响将根据下方的"开始"和"结束"的范围值来计算。"平方反比"是通过反向平方计算衰减，它只使用下方的"开始"数值。"指数"是指利用指数进行衰减计算，根据下方的"开始"和"结束"的值来计算，也可以直接对指数值进行定义。"自定义衰减"允许用户自己指定一条衰减曲线。

指定：激活"指定"选项，可根据色块设置光线在最后衰减至消失时的状态。

自定义衰减选项组："近端"数值框用于设置衰减开始处的反射/折射光线的强度。"控制1"数值框用于起始处曲线的状态。"控制2"数值框用于设置结束处曲线的状态。"远端"数值框用于设置在衰减结束处反射/折射光线的强度。

反射率/不透明度：控制影响光线跟踪结果的强度。

色彩：用于控制对光线跟踪返回颜色的染色效果，不会影响材质的表面颜色。

数量：用于控制染色的数量。

色块：用于为反射指定一个贴图，可以在物体表面形成变化的染色效果。

6.6　贴图坐标

在三维软件的系统里共有两个坐标系统。一是三维模型的顶点坐标系统，就是前面介绍的X、Y、Z轴向坐标。还有一个就是UV坐标系统，UV坐标系统简单地说就是贴图映射到三维模型表面的依据，是解释贴图是以何种角度、方式贴到三维模型上的。3ds Max 2018的贴图坐标是以U、V、W来表示的。U表示水平于显示器的方向，V表示垂直于显示器的方向，W表示垂直于显示器的表面方向。

我们小时候都玩过类似纸糊的模型，用一张厚一点的卡纸，把它剪下来，折一折，粘一粘，就变成了一个纸的模型。或者我们都见过药盒，把药盒用剪刀小心地剪开，使它成为一个平面的图形。以上两个例子就和三维模型UV坐标系统的原理近似，如图6-62和图6-63所示。

在三维空间中的任意一个顶点都可以在UV坐标系统中被拆开，就类似我们每一个单独的纸模型也都有各自的顶点，但粘在一起就变成了一个点。边也是同样的道理，我们也可以将模型的每条边切开，使它变成独立的两条UV边。值得注意的是，拆分的UV模型如果没有特殊的要求是不能有重合的，就好像我们的纸模型，如果有部分的图案颜色印在了一起，就影响美观了。一些复杂的模型我们可以在UV编辑器中独立拆分，但是这个拆分UV的过程并不会破坏我们模型的造型结构，3ds Max 2018的UV编辑器如图6-64所示。

图6-62

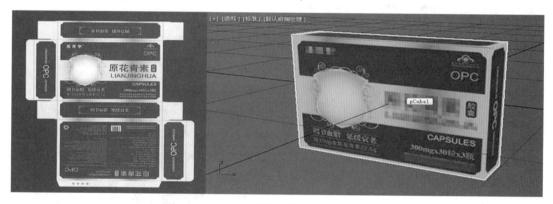

图6-63

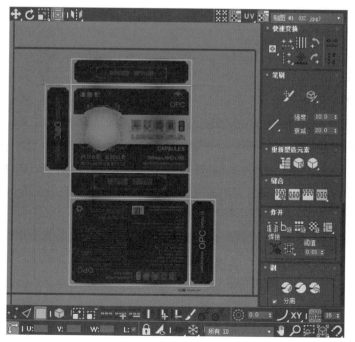

图6-64

6.6.1 编辑UV坐标系统

在3ds Max 2018中多边形模型都有一个"生成贴图坐标"选项。也就是说，这些物体在此选项被激活的状态下，当渲染场景或者使用"在视窗中显示背景"时，它的贴图坐标就会被自动打开。但是有一些物体（如编辑多边形，或者经过布尔运算过的模型），并没有自动贴图坐标系统。如果模型被赋予一些带贴图的材质，往往无法被正确渲染。我们就可以通过给模型增加一个"UVW贴图"编辑修改器来解决，对于一些复杂的模型我们可以使用"UVW展开"编辑修改器命令来进一步对UV进行编辑，如图6-65和图6-66所示。

图6-65

图6-66

6.6.2 UVW贴图编辑修改器

UVW贴图编辑修改器用来控制对象模型的UVW贴图坐标，其中提供了调整贴图坐标类型、贴图大小、贴图的重复次数、贴图通道控制和贴图对齐设置等功能，如图6-67所示。

"贴图"选项组提供了7种不同的贴图映射方式。根据模型形态的不同，可以选择不同的映射方式。

平面：该贴图映射方式以平面投影的方式在对象物体上贴图，它适合类似墙体、地板、薄的模型物体，如图6-68所示。

图6-67

图6-68

柱形：此贴图映射方式以圆柱投影的方式在对象物体上贴图，它适合类似水杯、笔这种柱形的物体，如图6-69所示。

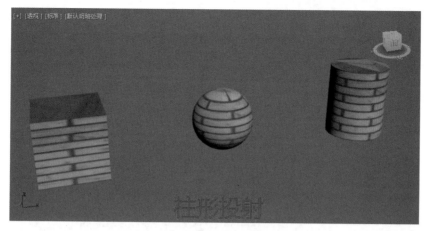

图6-69

球形：此贴图映射方式以球形投射的方式在对象物体上贴图，在接缝处贴图的边汇合在一起，同时顶部和底部也会有两个接点，如图6-70所示。

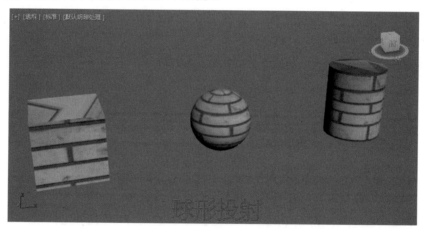

图6-70

收缩包裹：类似球形映射方式，使用圆球形的方式在对象物体上贴图，但是收缩包裹将贴图所有的角拉到一个点，消除了接缝，如图6-71所示。

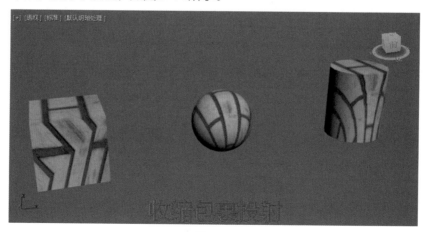

图6-71

长方体： 此贴图映射方式以长方体6个面的不同方向投射贴图到对象物体上，如图6-72所示。

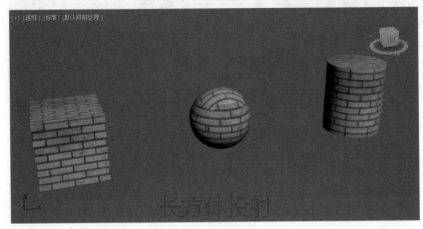

图6-72

面： 此贴图映射方式会在对象物体上的每一个面投射一个平面贴图，如图6-73所示。

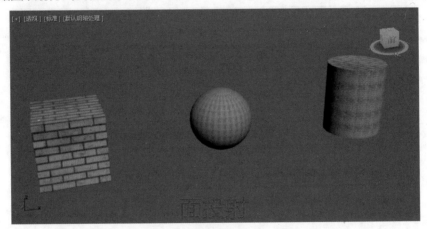

图6-73

XYZ到UVW： 此贴图映射方式会将3D程序贴图投射到对象物体的UVW坐标上，自动选择对象物体造型的最佳贴图形式，3D程序贴图不会随对象物体表面拉伸而改变，如图6-74所示。

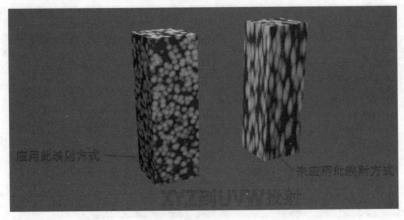

图6-74

| 6.7 UVW 贴图展开实例：电话亭模型 UVW 贴图展开

对于一些结构比较复杂的模型贴图，简单的贴图映射是无法满足要求的，我们可以使用"UVW贴图展开"修改命令，或者借助一些专业的展开贴图的第三方软件来完成。

制作思路

在这一制作过程中首先要思考一件事情，就是模型接缝的处理，因为展开好的模型UV是要导入后期软件(例如Photoshop)进行贴图绘制的，所以原则上接缝越少绘制就越方便，但如果模型接缝少，UV就会有一定程度的拉伸，所以要在UV拉伸能够接受的情况下保持最少的接缝，这就需要在UV平整和接缝两者间找到一个平衡点。

STEP 1 启动3ds Max 2018，执行菜单"文件"/"设置项目文件"命令，设定好配套资源中的phonebooth工程文件。执行菜单"文件"/"打开"命令，打开phonebooth_modeling_Done_01场景文件。

STEP 2 打开材质编辑器，新创建一个标准材质，在材质的漫反射通道上加载一张棋盘格的贴图文件，并将该材质赋予场景中的电话亭模型。通过观察我们会发现部分模型表面的UV是很平整的，但有些部分有拉伸，甚至会有重叠的现象，如图6-75所示。

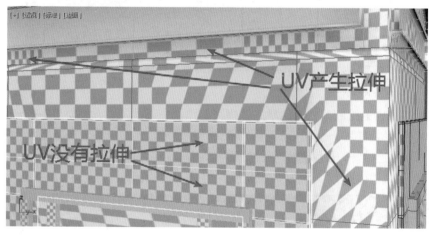

图6-75

> **提 示**
>
> 加载"棋盘格"的材质就类似于一个带有检查性质的材质，可以帮助我们查看展开后的模型UV是否还存在拉伸现象。

STEP 3 选择电话亭的主体模型并单独显示。单击"修改器列表"中的"UVW展开"命令。在"编辑UV"选项组中，单击"打开UV编辑器"按钮。在"选择"选项组中切换到"多边形"选择模式。在UV编辑器中执行菜单"贴图"/"展平贴图"命令，在弹出的"展平贴图"对话框中使用默认设置即可，如图6-76所示。

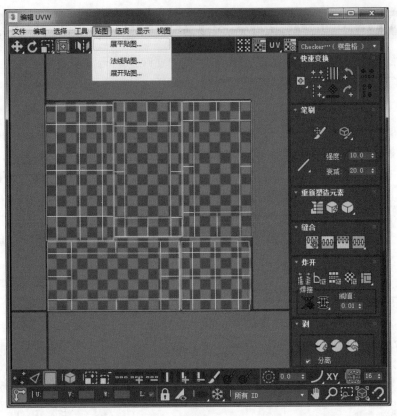

图6-76

STEP 4 为了后期贴图的绘制，将电话亭主体模型的顶面和背面的UV接缝连接在一起，把剩下的三个玻璃门的UV接缝连接在一起。在UV编辑器中切换到"边"的选择模式，结合"缝合"工具，将电话亭的UV接缝连接好，最后选择电话亭模型的所有UV边，单击"排列元素"选项组中的"紧缩排列"按钮，完成该模型的UV展开，如图6-77和图6-78所示。

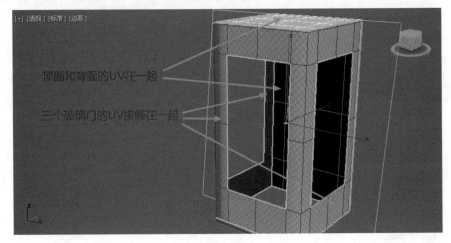

图6-77

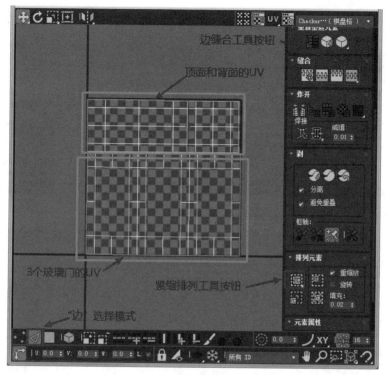

图6-78

STEP 5 运用同样的方法，将电话亭的玻璃门、底座，以及内部道具的模型UV展开，如图6-79至图6-81所示。

玻璃门UV
图6-79

底座UV
图6-80

内部道具UV
图6-81

STEP 6 电话亭顶部的UV使用"快速剥"的方法将它的UV展平。选择电话亭的顶部模型，将它单独显示。切换到"边"选择模式，双击顶部模型结构的循环边，再加选顶部四边的边，单击"接缝"选项组中的"将边选择转换成接缝"按钮，如图6-82和图6-83所示。

STEP 7 选择电话亭顶部的面，单击UV编辑器中的"快速剥离"按钮，如图6-84和图6-85所示。

图6-82

图6-83

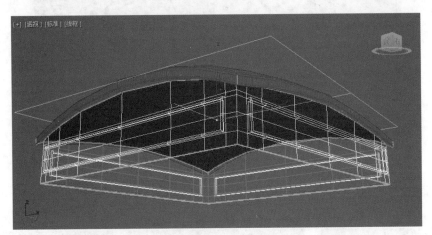

图6-84

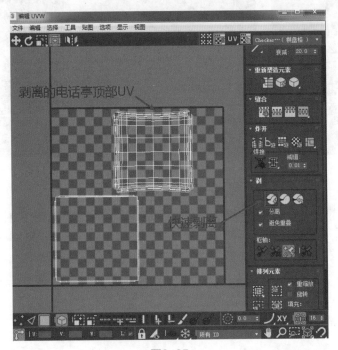

图6-85

STEP 8 选择顶部一边的面，单击"投影"选项组中的"平面贴图"按钮，如图6-86和图6-87所示。

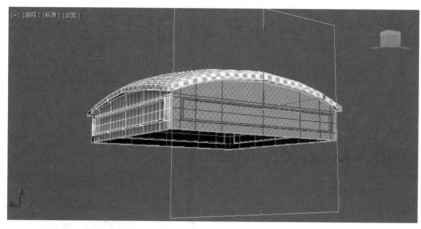

图6-86

图6-87

STEP 9 运用同样的方法，将顶部其他的三个面的UV展平，完成电话亭顶部的UV。执行菜单"工具"/"渲染UVW模板"命令，在弹出的"渲染UVs"对话框中修改"高度""宽度""渲染输出"选项，最后将UV贴图渲染输出，以便后期贴图的绘制，如图6-88和图6-89所示。

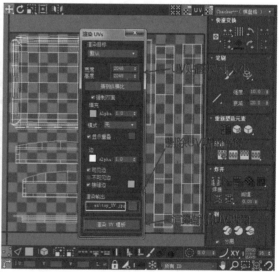

图6-88

图6-89

6.8 贴图绘制实例：绘制电话亭贴图

STEP 1 使用Photoshop打开制作好的电话亭顶部UV模板，将UV模板反相颜色，将图层混合模式更改为正片叠底，并在UV模板图层下新建一个图层，如图6-90和图6-91所示。

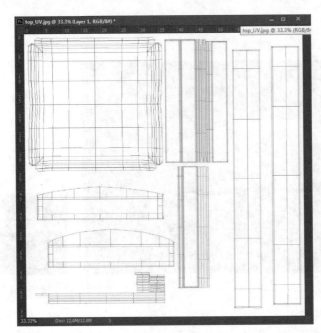

图6-90

图6-91

STEP 2 初始底层贴图。电话亭为金属材质，在常年的风吹日晒和雨水的腐蚀下会有表层掉漆的现象，所以我们一开始要把电话亭最底层的铁锈层绘制出来，共有一深一浅两个铁锈层，运用图层蒙版将两个铁锈层进行融合，如图6-92和图6-93所示。

图6-92

图6-93

STEP 3 表层着色层。首先绘制电话亭的固有色，新建一个图层，使用平涂或者填充颜色即可，在固有色图层上利用图层蒙版将底层的铁锈显现出来，注意接缝要认真处理。在绘制的过程中可以适当地调整笔刷的形状、透明度、流量等参数，如图6-94和图6-95所示。

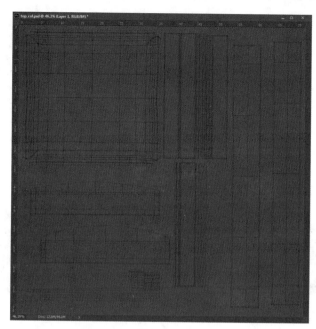

图6-94

图6-95

STEP 4 电话亭Logo层。在电话亭Logo的区域新绘制一个白颜色的区域，利用文字工具输入TELEPHONE，利用上面讲到的图层蒙版工具，将文字的腐蚀感绘制出来，在绘制腐蚀纹理的时候要注意切忌将纹理画得对称、呆板。在贴图的绘制过程中，我们要随时将绘制好的贴图导回到3ds Max中，时刻观察哪里处理得还不太理想，以便于我们随时修改，如图6-96和图6-97所示。

图6-96

STEP 5 添加细节，整体调整。除了金属被腐蚀的图层外，还有人为的刮痕、油迹，都可以进一步地为贴图增加细节。导入一些深颜色的铁锈腐蚀的素材图片，将它们叠加到我们所绘制的图层上，使用套索工具和橡皮工具绘制出部分铁锈细节的效果，并为该图层添加内倒角、投影等图层样式，凸显出漆质的厚度，最终效果如图6-98和图6-99所示。

STEP 6 以上是电话亭顶部贴图的绘制过程和方法，其余的部分基本按照以上步骤完成，最终效果如图6-100所示。

图6-97

图6-98

图6-99

图6-100

第 7 章

灯光、摄像机和渲染

在数字虚拟的三维空间里，灯光照明可以说是场景空间的灵魂。一套恰如其分的灯光系统不仅可以烘托出场景的各种效果，还可以更直观地表达主题内容。摄像机的位置、运动轨迹、镜头语言之间的衔接都能够直观、具体、鲜明地传达画面内容，带给观众不同的视觉体验。渲染是对虚拟空间的颜色、光影、纹理等进行艺术再加工过程。科学合理的渲染参数设置不仅可以优化渲染时间，提高渲染质量，还可以进一步烘托作品的艺术视觉效果。总之，灯光、摄像机、渲染三者之间的关系是相辅相成、互相依赖的。

7.1　灯光的作用

　　光照系统在三维场景空间中起到了两个非常重要的作用，一个是造型的作用，还有就是表达意境的作用。

　　灯光在三维场景中的造型作用，主要是用于表现物体的形态、角色的神态、区分物体的位置、增强空间感、渲染现场气氛以表达物体的质感等作用。

　　灯光表达意境的作用，主要是创作者利用光的象征作用与感染力来烘托作品的主题，表达作者的情感与审美意向，突出场景中的重点。光线本身是没有什么感情色彩的。但创作者的情感赋予了光线以"生命力"，从而使得光线具有了一定的感情色彩，具有了调动观众情感的作用。在三维场景中恰当地利用光线的这种情感作用，在作品创作中充分发挥，从而使光线具有了表达作品主题与创作情感的功能，如图7-1和图7-2所示。

图7-1

图7-2

7.2　灯光的构建思路

　　虚拟的灯光系统属性具有一定的特殊性，往往初学者会不知所措，常见的问题就是不考虑灯光的数量、强度、光源的方向、对比度，胡乱的打灯，结果不是曝光过度，就是无法有效地照亮角色、场景等。其实在虚拟的三维场景中，灯光的设置还是有一定的规律可循的。我们可以按照首先确定主光源位置，其次通过辅助光源填补主光源欠缺的地方，最后通过另一个辅助光源(背光光源)表现出背景与主体之间的差异的方法来构建场景的灯光系统。这就是传统意义上的"三点光源"。

1. 确定主光源的位置

主光源是三维场景中用来照明场景的主要光源，主光源的位置、方向、强弱、颜色、冷暖等的设置对三维场景会造成不一样的效果。不论主光源为何种光源，强度如何，它都应该在该场景的灯光系统中占主导地位，照亮画面最吸引人的部分，不与其他的光源产生任何冲突。

2. 用辅助光源进行一定的修复

辅助光源主要是来填补主光源的光照范围欠缺的部分，对于一名优秀的三维动画工作者来说，在主光源的基调确定后，为了达到更好的艺术效果，使画面变得更加丰富，就需要辅助灯光的介入，在一般情况下辅助光是不需要产生投影的，不破坏主光源的整体效果，不超过主光源的光照强度，即使场景产生层次感，又不能喧宾夺主。

3. 用背光光源烘托气氛

背光光源可以区分主要物体与背景的关系，增加场景的空间感。使主要角色与背景较好地融合在一起。一般选择强度不是很大的柔性灯光，通过它来统一画面，表达特殊环境、时间，给观众一个整体的空间感。

以上谈到的三点灯光设置并不是一成不变的，还是要遵循创作者的表达意向，灵活应用。

7.3 常用灯光类型

3ds Max 2018为我们提供了多种类型的灯光系统，共分为"标准""光学度"和"Arnold"3种类型，如图7-3所示。

7.3.1 标准灯光

标准类型的灯光，属于模拟类型算法，优点是渲染速度快。3ds Max 2018提供了6种类型的标准灯光，分别是"目标聚光灯""自由聚光灯""目标平行光""自由平行光""泛光"和"天光"，如图7-4所示。

图7-3

目标聚光灯： 属于3ds Max 2018的基本照明工具，会产生一个类似于锥形的照明区域，在该照明区域内的物体会受到光照的影响。

图7-4

目标聚光灯共包括两个部分，分别是投射点和兴趣点。投射点表明灯光所在位置，而兴趣点则指向希望得到照明的物体。该光照用来模拟的典型例子是手电筒、灯罩为锥形的台灯、舞台上的追光灯、军队的探照灯、从窗外投入室内的光线等照明效果，如图7-5和图7-6所示。

自由聚光灯： 与目标聚光灯的区别是，自由聚光灯没有目标物体。它依靠自身的旋转来照亮空间或物体。也就是说它是一种无法通过改变兴趣点来改变投射范围的聚光灯。其他属性与目标聚光灯完全相同。

目标平行光： 可以照射出一个圆柱状的平行区域，与聚光灯不同，平行光中的光线是平行的而不是呈圆锥形发散的。可以模拟日光，如图7-7和图7-8所示。

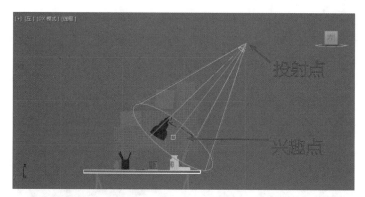

图7-5

图7-6

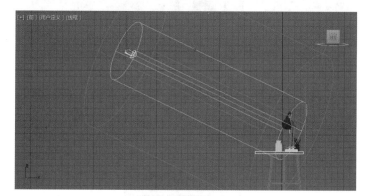

图7-7

图7-8

自由平行光： 是一种和自由聚光灯相似的平行光束，照射范围也是圆柱形的。

泛光： 泛光是三维场景中应用最为广泛的灯光类型，属于点状光源，向四面八方投射光线，而且没有明确的目标，照射范围也可以任意调整，常用来照亮整个场景，如图7-9和图7-10所示。

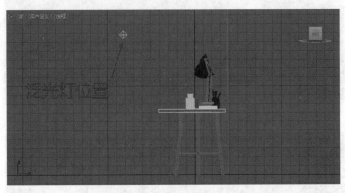

图7-9

图7-10

天光： 天光可以模拟天空的颜色和亮度，并且可以对天光进行贴图处理。

7.3.2 标准灯光的基本参数

无论哪一种类型的灯光都具有6种极其类似的参数卷展栏，它们分别是"常规参数"卷展栏、"强度/颜色/衰减"卷展栏、"高级效果"卷展栏、"阴影参数"卷展栏、"阴影贴图参数"卷展栏和"大气和效果"卷展栏，如图7-11至图7-13所示。

1. "常规参数"卷展栏

此卷展栏主要用于更改灯光的类型、调整兴趣点、设置阴影产生方式等。

1）"灯光类型"选项组

启用： 用来控制是否使用该灯光系统。灯光只有在着色和渲染时才能看出

图7-11

图7-12

图7-13

效果，当取消"启用"选项时，渲染出的效果将不显示灯光的效果。启用的灯光类型共有"聚光灯""平行光"和"泛光"三种类型，如图7-14所示。

目标：用来控制该灯光是否被目标化，激活该选项后灯光和目标之间的距离值将在右侧被显示出来。相对于自由灯光，可以直接设置距离值。对于有目标对象的灯光类型，可通过移动灯光的位置和目标点来改变这个距离值。

图7-14

2) "阴影"选项组

启用：用来定义当前灯光是否要投射阴影和选择投射阴影的种类。

使用全局设置：该选项启用后将实现灯光阴影功能的全局化控制。

阴影贴图下拉列表：共有"高级光线跟踪""区域阴影""阴影贴图""光线跟踪阴影"四种阴影类型，如图7-15所示。

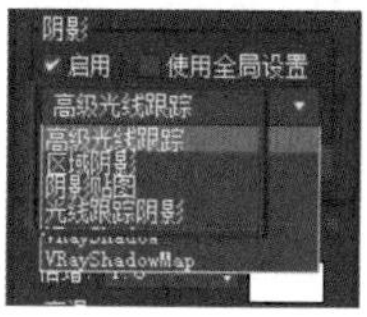

排除：用来控制场景中的灯光对场景中的哪些对象起作用。

2. "强度/颜色/衰减"卷展栏

此卷展栏主要用于设置灯光的颜色、强度和光线强度的衰减。

图7-15

1) 强度

倍增：数值框中的数值为灯光的亮度倍率，数值越大光线越强，反之则越小，默认的数值为1。

2) "衰退"选项组

类型：代表该灯光的亮度衰减属性。共提供了"无""倒数"和"平方反比"三种衰减方式，如图7-16所示。

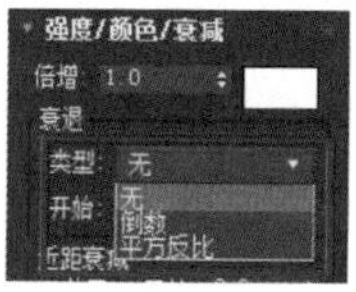

开始：代表该灯光的亮度衰减数值，数值越大灯光的亮度越强。

显示：激活该选项后在视图中会显示出该灯光的衰减范围，如图7-17和图7-18所示。

3) "近距衰减"选项组

该选项组用于设定该光源衰减的最小距离，如果对象与光源的距离小于这个数值，那么该光源将不会照亮场景的物体。

图7-16

开始/结束：这两个数值用于控制该光源的衰减范围。

使用：激活该选项后，衰减参数才能有作用。

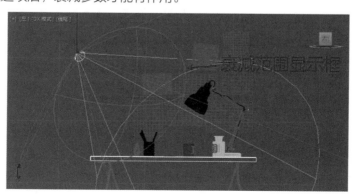

图7-17

图7-18

显示: 激活该选项后，衰减的开始和结束将会用线框在视图中显示，以方便观察，如图7-19所示。

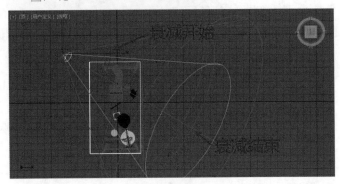

4)"远近衰减"选项组

该选项组用于设定该光源衰减的最大距离，如果物体在这个距离之外，光线也不会照射场景的物体。

图7-19

3."高级效果"卷展栏

此卷展栏主要用于设置灯光的影响区域，并指定灯光的投影贴图(利用投影贴图可以模拟摄像机的投射效果)。

对比度: 用于设定光源照射物体边缘时，受光面和阴暗面所形成对比值的强度。

柔化漫反射边: 用于设定照射物体上的柔和程度。

投影贴图: 激活"贴图"选项后，将以影像投射的方式将投影显示出来。

4."阴影参数"卷展栏

此卷展栏用于调整对象的阴影和大气阴影的效果。

颜色: 用于调节该光源产生阴影的颜色。

密度: 该数值越大代表阴影的密度越强，反之则密度越小。

贴图: 激活"贴图"选项后，可以调用一张位图文件来代替阴影单纯的颜色。

大气阴影: 激活"启用"选项后将产生大气阴影的效果。

不透明: 用于设置大气阴影的透明度。

颜色量: 用于设置阴影颜色与大气颜色的混合程度。

5."阴影贴图参数"卷展栏

此卷展栏提供各种质量的阴影贴图参数以满足不同的阴影需要。

6."大气和效果"卷展栏

此卷展栏提供一些程序类型的环境特效，例如体积光、雾效等。

7.3.3 **光度学灯光**

3ds Max 2018的光度学灯光更加接近真实世界中的灯光参数，例如光度学灯光产生的物体阴影会伴随着灯光的远近而产生不同的阴影效果。光度学灯光是用光度学的单位来计算灯光照射强度的，分别是流明、坎德拉和勒克斯。同时光度学灯光还可以配合光域网文件模拟不同灯具的照明效果，如图7-20所示。

图7-20

目标灯光： 目标灯光类似标准灯光类型中的泛光源，是从光源中心向外发射光线。

自由灯光： 自由灯光与目标灯光的区别在于灯光的控制点不同，目标灯光是由灯光光源与目标点两部分构成，而自由灯光只有光源部分，灯光照射的角度和方向等都是通过旋转和移动灯光物体来控制的。

太阳定位器： 用于模拟现实生活中阳光照射的效果，通过设置太阳在地球上的位置、日期、时间、指南针的方向等参数，较真实地模拟出太阳光照的效果。

7.3.4　光度学灯光的基本参数

光度学灯光的基本参数比标准灯光参数更加丰富，共有"常规参数""强度/颜色/衰减""图形/区域阴影""阴影参数""阴影贴图参数""高级效果"6个卷展栏。

1. "常规参数"卷展栏

此卷展栏主要用于设置阴影产生方式、灯光分布类型等，如图7-21所示。

图7-21

1) "灯光属性"选项组

启用： 当此选项处于激活状态下，使用灯光着色和渲染以照亮场景；当此选项处于未激活状态下，进行着色或者渲染时不使用该灯光。默认状态下为启用状态。

目标： 当此选项处于激活状态下，该灯光将具有目标；当此选项处于未激活状态下，则可使用变换工具操纵此灯光。通过此选项可将目标类型灯光更改为自由类型灯光。

目标距离： 显示目标物体与灯光之间的距离值。对于目标类型灯光，该数值仅显示距离；对于自由类型灯光，则可以通过输入的方式更改距离。

2) "阴影"选项组

启用： 当此选项处于激活状态下，当前灯光投射阴影，反之则禁用。默认状态下为启用状态。

使用全局设置： 此选项如为激活状态，则当前灯光的投影方式使用全局设置；如禁用此选项，将由渲染器的类型决定使用哪种方法来产生特定的阴影。

阴影贴图下拉列表： 决定渲染器是否使用阴影贴图、光线跟踪阴影、高级光线跟踪阴影和区域阴影产生灯光阴影。

排除： 此按钮可将选定的灯光排除于灯光效果之外，排除的灯光对象仍在着色窗口中显示，只有在渲染的时候排除才起作用。

图7-22

2. "强度/颜色/衰减"卷展栏

此卷展栏主要用于设置灯光的颜色、强度、衰减等属性，如图7-22所示。

1) "颜色"选项组

颜色： 用于模拟灯光光谱特征。

开尔文： 通过调整灯光的色温属性来设置灯光的颜色。

过滤颜色： 使用颜色过滤器模拟灯光光源的颜色。

2) "强度"选项组

用来设置灯光亮度的强度属性，共有lm(流明)、cd(坎德拉)和lx(勒克斯)三种强度单位。

lm(流明)： 测量灯光的总体输出功率。

cd(坎德拉)： 测量灯光的最大发光强度。

lx(勒克斯)： 测量从灯光照亮物体表面所带来的强度。

3) "暗淡"选项组

结果强度： 用来设置暗淡所产生的强度，并使用与"强度"选项组相同的单位来计算。

暗淡百分比： 激活该选项后，该数值指定用于降低灯光强度的"倍增"。

光线暗淡时白炽灯颜色会切换： 激活该选项后，灯光可在暗淡时通过产生更多黄色来模拟白炽灯的照明效果。

4) "远近衰减"选项组

设置光度学灯光的衰减范围。

使用： 启用光度学灯光的衰减属性。

显示： 在视图中显示远近衰减范围。

开始： 设置光度学灯光开始淡出的距离。

结束： 设置光度学灯光衰减结束的距离。

3. "图形/区域阴影"卷展栏

此卷展栏主要用于设置灯光产生阴影的灯光图形属性，如图7-23所示。

图7-23

1) "从(图形)发射光线"选项组

用于选择阴影产生图形的方式，共有"点光源""线""矩形""圆形""球形""圆柱体"6种方式，如图7-24所示。

图7-24

点光源： 计算阴影时，如同灯光从一个点发出。

线： 计算阴影时，如同灯光从一条线发出。

矩形： 计算阴影时，如同灯光从矩形区域内发出。

圆形： 计算阴影时，如同灯光从圆形区域内发出。

球形： 计算阴影时，如同灯光从球体内部发出。

圆柱体： 计算阴影时，如同灯光从圆柱体发出。

2) "渲染"选项组

激活该选项后，如果灯光对象位于视野内，灯光图形在渲染中会显示为自供照明(发光)的图形。

4. "阴影参数"卷展栏

此卷展栏主要用于设置灯光阴影的基本属性，如图7-25所示。

图7-25

1) "对象阴影"选项组

颜色： 单击"颜色"按钮，可打开颜色拾色器，为投影选择颜色。

密度： 调整阴影的浓密度。

贴图： 单击"无贴图"按钮，可打开贴图浏览器并将贴图指定给阴影。

灯光影响阴影颜色： 激活此选项后可将灯光的颜色与阴影的颜色混合起来。

2) "大气阴影"选项组

此选项组用来控制体积雾效等大气效果。

启用： 激活此选项后可产生灯光穿透大气般的投射效果。

不透明度： 调整阴影的不透明度，此数值为百分比。

颜色量： 调整大气颜色与阴影颜色混合的比例，此数值为百分比。

5)"阴影贴图参数"卷展栏

此卷展栏为"阴影参数"卷展栏的补充，如图7-26所示。

图7-26

偏移： 可对已投射的阴影进行偏移。

大小： 用于计算灯光投射阴影的贴图大小。

采样范围： 此数值决定阴影内平均有多少区域。

双面阴影： 激活此选项后可产生双面的阴影效果。

6."高级效果"卷展栏

此卷展栏可对灯光的阴影参数做出更为精细和丰富的调整，如图7-27所示。

图7-27

对比度： 调整曲面的漫反射区域和环境光区域之间的对比度。

柔化漫反射边： 用于柔化阴影的边缘与环境之间的柔化度。

漫反射： 激活此选项后灯光将影响对象曲面的漫反射属性。

高光反射： 激活此选项后灯光将影响对象曲面的高光属性。

仅环境光： 激活此选项后灯光仅影响照明的环境。

7.4　三维虚拟摄像机

在场景、角色、灯光、材质等建立完成后，就需要考虑在三维场景中添加虚拟摄像机。实际上，这种三维场景的摄像机和现实世界中的摄像机拍摄效果基本上是一致的。但功能和灵活性远比现实中的摄像机要更加强大，很多效果也是现实摄像机所达不到的，例如可以瞬间切换视角和角度、更换各种镜头，以及各种镜头特效等等。

在正式介绍三维虚拟摄像机之前，我们有必要了解一下摄像机的基础知识，例如焦距、视野和透视关系等。

焦距： 焦距是指镜头和摄像机感光板之间的距离。焦距影响对象出现在图片上的清晰度。一般来说，焦距越小，图片中包含的源文件素材就越多；焦距越大，则包含源文件的素材就越少，但距离镜头越近的对象会显示更多的细节。

视野： 视野是指控制可见源文件素材的数量，以水平线度数进行测量。视野与焦距有直接的关系，例如50mm的镜头显示水平线为46°。镜头越长，视野越窄；镜头越短，视野越宽。

视野和透视的关系： 短焦距(短视野)强调透视的扭曲，使对象朝向观察者看起来更深、更模糊；长焦距(窄视野)减少了透视扭曲，使对象平压或者与观察者平行。

7.4.1 摄像机类型

在3ds Max2018中摄像机共有"物理""目标"和"自由"三种类型，如图7-28所示。其中"目标"类型和"自由"类型摄像机的区别就好比"目标聚光灯"和"自由聚光灯"的区别一样，只是摄像机的控制点数不同。目标摄像机经常用于进行静帧场景的渲染，而

图7-28

自由摄像机通常可以跟随路径运动，方便制作类似建筑漫游式的动画。

1. 目标摄像机

目标摄像机只有一个视点和目标点，一般情况下把摄像机所处的位置称之为视点，将摄像机的目标位置称之为目标点。可以分开调整目标点或者视点以调整摄像机的观察方向，也可以同时选择摄像机的目标点和视点一起进行调整。

目标摄像机比较容易定位，一般情况下在创建好摄像机后，将目标点直接移动到所需要的位置上，再调整摄像机的视点确定好摄像机的机位即可。如果制作动画，也可以将摄像机的视点和目标点链接到一个虚拟的物体上，通过对虚拟物体设置动画即可完成摄像机的运动动画，如图7-29所示。

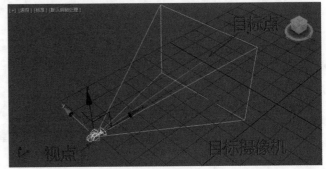

图7-29

2. 自由摄像机

自由摄像机可以查看在摄像机指向的方向区域，与目标摄像机不同的是，自由摄像机没有目标点，可以更加轻松地设置摄像机动画。

自由摄像机多用于查看所指方向内的场景内容，可以应用于摄像机运动轨迹动画，例如在室内或者室外的场景中巡游。也可以将自由摄像机应用于垂直向上或者向下的摄像机动画，从而制作出摄像机升降的动画，如图7-30所示。

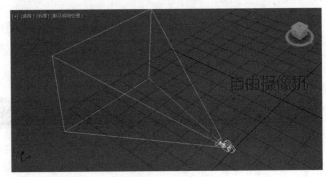

图7-30

7.4.2 摄像机参数

在创建摄像机后，就可以对摄像机的一些基本参数进行调节，如图7-31至图7-33所示。

图7-31

图7-32

图7-33

镜头： 以mm为单位设置摄像机的焦距。

视野： 定义在摄像机视野内的区域大小，以"度"为单位。其默认值相当于人眼的视野值，共三种视野范围。

正交投影：激活该选项后，摄像机会以正面投影的角度对场景物体进行拍摄，这种效果可以消除场景中的透视变形，并显示场景中所有物体对象的真正尺寸大小，如图7-34和图7-35所示。

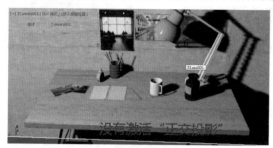

图7-34　　　　　　　　　　　　　　　　　　图7-35

备用镜头：提供了3ds Max 2018系统预设的一些镜头。

类型：通过右边的下拉列表可以切换当前选择的摄像机类型。

显示圆锥体：激活该选项后，可以显示出摄像机能够拍摄的锥形视野范围。

显示地平面：激活该选项后，可以显示出场景水平线。

环境范围：用于设置摄像机近景、远景的范围。

显示：激活该选项后，将打开最近和最远距离的范围框，可以在视图上显示具体的范围。

近距范围：设置环境影响的最近距离。

远距范围：设置环境影响的最远距离。

手动剪切：激活该选项后，将使用下面的数值控制水平面的剪切。

近距剪切、远距剪切：用来控制近距离剪切平面和远距离剪切平面到摄像机的距离。

多过程效果：激活该选项后，将激活多过程渲染和"预览"按钮。

预览：单击此按钮将在摄像机视口中预览多过程渲染效果。

多次效果：包括三种选择，它们之间是互斥使用的，默认为"景深"效果。

渲染每过程效果：激活该选项后，每次渲染都将渲染诸如辉光灯的特殊效果。

目标距离：设置摄像机到目标点的距离。

焦点深度选项组：用于控制摄像机焦点的远近距离。

采样选项组：用于观察渲染景深特效时的采样情况。

过程混合选项组：用于控制模糊抖动的数量大小。

扫描线渲染器参数选项组：用于设置渲染时扫描的方式。

7.5　渲染和输出

渲染是以场景中虚拟摄像机获取的渲染范围为基础，对场景中的对象物体的光源、阴影、颜色、材质和纹理等进行可视化计算的过程，是对制作好的素材进行艺术再加工的一种艺术手段。

在3ds Max 2018中要对制作好的场景进行渲染测试只需要单击工具栏中的"渲染帧窗口"按钮即可，如图7-36所示。如果想渲染输出正式的图片或渲染输出一个动态的序列图片，则需要打开"渲染设置"对话框。打开"渲染设置"对话框有两种方法，一种是单击工具栏中的"渲染设置"按钮，另一种是执行菜单"渲染"/"渲染设置"命令，如图7-37所示。

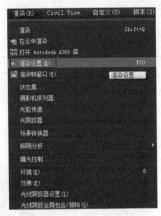

图7-36　　　　　　　　图7-37

7.5.1　渲染设置

在"渲染设置"对话框中共有"公用""渲染器""Render Elements""光线跟踪器""高级照明"5个选项卡，其中"公用"选项卡主要包含了渲染通用设置和基本输出设置。"渲染器"选项卡主要包含了对激活的渲染器的设置。"Render Elements"选项卡主要包含了为后期合成输出所渲染的一些辅助通道的设置。"光线跟踪器"选项卡主要包含了全局光线跟踪器的控制选项，例如光线跟踪材质和光线跟踪贴图。"高级照明"选项卡主要包含了光线跟踪器和光能传递的设置，如图7-38所示。

1. "公用"选项卡

1) "时间输出"选项组

单帧： 仅渲染当前帧。

活动时间段： 只渲染时间滑块内的帧范围，默认为0~100帧。

范围： 只渲染指定帧数范围内的所有帧。

文件起始编号： 指定起始文件的编号，从这个编号开始递增文件名。

帧： 按一定规律渲染所指定的帧，例如如果输入6，则每间隔6帧渲染一次。

2) "输出大小"选项组

自定义： 单击下拉列表，如图7-39所示，会提供若干种预设的渲染尺寸。

图7-38

> **提　示**
>
> 选择不同类型的渲染格式后，渲染文件的"像素纵横比""宽度""高度"选项会发生变化。

宽度/高度： 以像素为单位指定渲染图像的尺寸。

图7-39

图像纵横比： 设置渲染图像的比例尺寸，修改此选项将改变高度尺寸以保持渲染画面的分辨率。

像素纵横比： 设置渲染图像的单个像素比例，不同像素纵横比效果如图7-40所示。

3) "选项"选项组

大气： 勾选此选项后，渲染将应用大气效果，例如体积雾等。

效果： 勾选此选项后，渲染将应用特殊效果，例如运动模糊等。

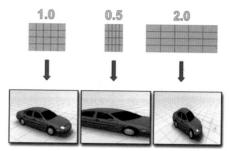

图7-40

置换： 勾选此选项，渲染将应用置换贴图。

视频颜色检查： 勾选此选项后，渲染将对超出NTSC和PAL制式安全阈值的像素进行标注，并将其修改成正常范围内的值。

渲染隐藏几何体： 勾选此选项后，将渲染场景中隐藏的物体对象。

区域光源/阴影视作点光源： 勾选此选项后，将所有的区域光源或阴影当做从点对象发出的进行渲染，将会增快渲染速度。

强制双面： 勾选此选项后，将会渲染对象物体的内部和外部。

4) "渲染输出"选项组

单击"渲染输出"选项组中的"文件"按钮，将会弹出"渲染输出文件"对话框，设置好渲染文件的存储路径、名称以及保存类型，便可对渲染的文件进行保存，如图7-41所示。

5) "指定渲染器"选项组

产品级： 选择用于渲染图形输出的渲染器类型，单击"选择渲染器"按钮，可以选择不同的渲染器，如图7-42所示。

材质编辑器： 选择用于渲染"材质编辑器"中示例窗的渲染器。

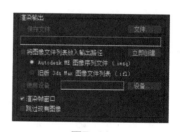

图7-41

> **提 示**
>
> 在默认情况下，示例窗渲染器被锁定为与产品级渲染器相同的渲染器。

ActiveShade： 选择用于预览场景中照明和材质更改效果的ActiveShade渲染器。

2. "渲染器"选项卡

扫描线渲染器是3ds Max2018的默认渲染器，可以将场景中的对象物体渲染成一系列的水平线，其优点是渲染速度快，是每一位初学者必须要掌握的渲染器。在"渲染器"选项卡中就是对扫描线渲染器进行一些选项的设置，如图7-43所示。

图7-42

1) "选项"选项组

贴图： 勾选该选项，将会渲染场景中的贴图，默认为勾选状态。

阴影： 勾选该选项，将会渲染场景中的阴影效果，默认为勾选状态。

自动反射/折射和镜像： 勾选该选项，将会渲染场景中的反射和折射效果，默认为勾选状态。

强制线框： 勾选该选项后，将会以线框的方式渲染场景中的物体，线框的宽度以像素为单位，默认为1像素。

2)"抗锯齿"选项组

抗锯齿是指可以平滑的方式渲染场景物体的对角线或者弯曲线条的锯齿状边。

过滤器： 过滤器下拉列表提供了不同的抗锯齿渲染效果，如图7-44所示。

Blackman： 清晰但没有边缘增强效果的像素过滤器。

混合： 在清晰区域和高斯柔化过滤器之间的混合效果。

Catmull-Rom： 具有轻微边缘增强效果的像素重组过滤器。

Cook变量： 一种通用过滤器。1~2.5的值将使图像清晰，更高的值将使图像模糊。

立方体： 基于立方体样条线的像素模糊过滤器。

Mitchell-Netravali： 两个参数的过滤器，在模糊、圆环化和各向异性之间交替使用。如果圆环化的值设置为大于 0.5，则将影响图像的 Alpha 通道。

图版匹配/MAX R2： 使用 3ds Max 2 的方法(无贴图过滤)，将摄影机和屏幕贴图或无光/阴影元素与未过滤的背景图像相匹配。

四方形： 基于四方形样条线的像素模糊过滤器。

清晰四方形： 来自 Nelson Max 的清晰的像素重组过滤器。

区域： 使用可变大小的区域过滤器来计算抗锯齿。

柔化： 可调整高斯柔化过滤器，用于适度模糊。

视频： 针对 NTSC 和 PAL 视频应用程序进行了优化的像素模糊过滤器。

3)"对象运动模糊"选项组

应用： 为整个场景全局启用或禁用对象运动模糊。

持续时间： 设置运动模糊的时间，以帧为单位。当设置为1时，在一帧和下一帧之间的整个持续时间保持打开。较长的值产生更为夸张的效果，不同设置的效果如图7-45所示。

图7-43

图7-44

图7-45

4)"图像运动模糊"选项组

图像运动模糊是指渲染图像的拖影效果,这种效果的应用是在扫描线渲染器完成之后应用的。应用图像运动模糊的效果如图7-46所示。

3. "光线跟踪器"选项卡

光线跟踪器属于一种全局光照的照明系统,通过计算场景中的光线反射,从而实现更加真实的光照效果,如图7-47所示。

光线深度也称作递归深度,用来控制渲染器允许光线在其被视为丢失或者捕捉之前反弹的次数。

最大深度: 设置最大的递归深度,增加此数值会增加渲染的真实感,但渲染时间也会相应增长。

中止阈值: 为自适应光线级别设置一个中止阈值,默认为0.05。

最大深度时使用的颜色: 通常当光线达到最大深度时,将渲染与背景一样的颜色,通过选择此颜色或者设置环境贴图,可以覆盖返回到最大深度的颜色。

4. "高级照明"选项卡

高级照明共包括"光跟踪器"和"光能传递"两种内置照明插件。其中"光跟踪器"照明插件能为明亮场景(如室外场景)提供柔和边缘的阴影和映色效果,"光能传递"照明插件能为场景中的灯光提供更加精准的物理照明效果,如图7-48所示。

7.5.2 渲染帧窗口

当设置好渲染的参数后,单击工具栏中的"渲染帧窗口"按钮,就可以打开渲染帧窗口,如图7-49和图7-50所示。

要渲染的区域: 该下拉列表提供了可用的渲染的区域选项,共有"视图""选定""区域""裁剪"和"放大"5种可供渲染的区域,如图7-51所示。

视口: 该下拉列表提供了可以渲染的不同视图选项,共有"顶视图""底视图""左视图""透视图"4种视图,如图7-52所示。

图7-46

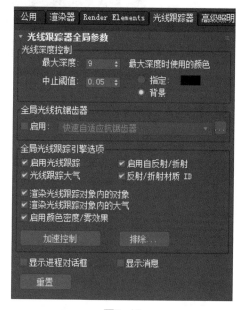

图7-47

图7-48

图7-49

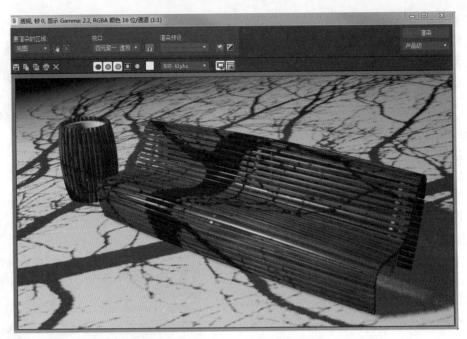

图7-50

图7-51

图7-52

渲染预设： 该下拉列表提供了若干种不同种类的渲染预设。

工具栏： 提供了在渲染过程中常用到的工具，如图7-53所示。

图7-53

保存图像： 用于保存在渲染帧窗口中显示的渲染图像。

复制图像： 可将渲染好的图像复制到Windows 剪贴板上并进行编辑操作。

克隆图像： 创建另一个包含显示已渲染图像的窗口，并可将克隆出的图像与上一个克隆的图像进行比较。

打印图像： 将渲染图像发送至 Windows 中定义的默认打印机。

清除图像： 清除渲染帧窗口中的图像。

启用红色/绿色/蓝色/Alpha通道： 分别显示渲染图像的红色、绿色、蓝色和Alpha通道。

7.6 灯光、摄像机应用实例：三点照明

STEP 1 启动3ds Max 2018，执行菜单"文件"/"设置项目文件"命令，设定好配套资源中的lighting工程文件。执行菜单"文件"/"打开"命令，打开lighting_01场景文件。

STEP 2 在创建面板中，切换到摄像机面板，单击"对象类型"卷展栏中的"目标"按钮，在前视图中拖曳鼠标，创建一个目标摄像机，如图7-54和图7-55所示。

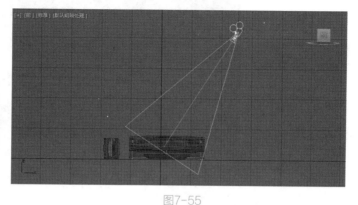

图7-54　　　　　　　　　　　图7-55

STEP 3 在透视图中单击左上角的"透视"选项，在弹出的菜单中选择"显示安全框"命令或者按Shift+F键，打开视图的安全框，如图7-56所示。

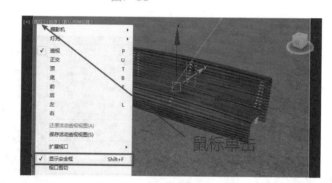

图7-56

STEP 4 保持在透视图中不变，将场景调整到最终渲染的角度后，选择摄像机，按Ctrl+C键，将摄像机的角度匹配到当前的透视图中，如图7-57和图7-58所示。

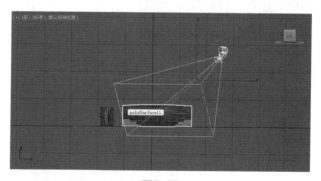

图7-57

STEP 5 切换到创建面板，创建一个标准类型的目标聚光灯，利用移动工具将目标聚光灯的位置移动到长椅的左上方，这盏聚光灯将是场景的主光源，负责照亮场景的主体物，并产生投影，如图7-59和图7-60所示。

图7-58

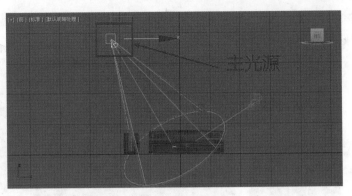

图7-59　　　　　　　　　　　　　　　图7-60

STEP 6 选择主光源聚光灯，进入修改面板，在"阴影"选项组中勾选"启用"选项，并将阴影类型更改为"高级光线跟踪"。在"聚光灯参数"选项组中修改"聚光区/光束"为90，"衰减区/光束"为130。单击"渲染帧窗口"按钮，如图7-61至图7-63所示。

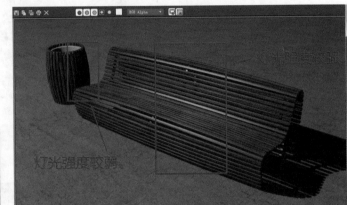

图7-61　　　　　　图7-62　　　　　　　　图7-63

STEP 7 渲染后我们发现，由于只有一个主光源，主体物虽然照亮了，但部分区域光线较暗，所以我们再去创建第二盏辅助光源来照亮物体的暗面。切换到创建面板，创建一个标准类型的泛光灯，并移动到物体的右上角。进入泛光灯的修改面板，在"强度/颜色/衰减"卷展栏中修改"倍增"为0.2，并将颜色修改为淡淡的蓝色，如图7-64和图7-65所示。

图7-64　　　　　　　　　　　　　　　图7-65

STEP 8 为了突出主体物的边缘轮廓，我们再创建第三盏背光源来照亮物体的背部轮廓。创建一个标准类型的目标平行光，并移动到物体的背面。进入目标平行光的修改面板，在"强度/颜色/衰减"卷展栏中修改"倍增"为0.2，在"平行光参数"卷展栏中修改"聚光区/光束"为300，"衰减区/光束"为320，如图7-66和图7-67所示。

图7- 66   图7-67

STEP 9 选择聚光灯主光源，进入修改面板，在"高级效果"卷展栏中单击"投影贴图"后的"无"按钮，在投影贴图通道中加载一张贴图，用来模拟树的投影，如图7-68至图7-70所示。

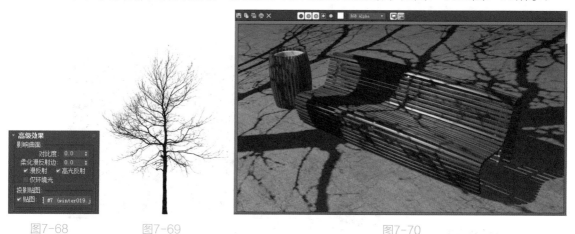

图7-68   图7-69   图7-70

7.7 灯光、摄像机应用实例：天光照明

STEP 1 启动3ds Max 2018，执行菜单"文件"/"设置项目文件"命令，设定好配套资源中的phonebooth工程文件。执行菜单"文件"/"打开"命令，打开phonebooth_lighting_01场景文件。

STEP 2 切换到创建面板，创建一个标准类型的天光，利用移动工具将天光的位置移动到电话亭的左后方，如图7-71和图7-72所示。

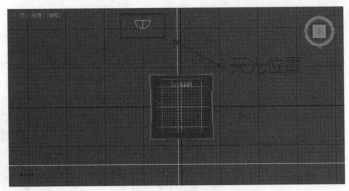

图7-71　　　　　　　　　　　　　　　　　　图7-72

STEP 3 ▶ 执行菜单"渲染"/"渲染设置"命令，或按F10键，打开"渲染设置"对话框。进入"高级照明"选项卡，在"选择高级照明"选项组中加载"光跟踪器"选项，如图7-73所示。

STEP 4 ▶ 选择天光，进入修改面板，在"天光参数"卷展栏中设置"倍增"为2，单击"渲染帧窗口"按钮，如图7-74和图7-75所示。

图7-73

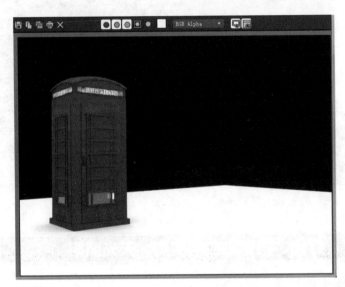

图7-74　　　　　　　　　　　　　　　图7-75

STEP 5 ▶ 执行菜单"渲染"/"环境"命令，或按8键，打开"环境和效果"对话框。在"环境贴图"选项中勾选"使用贴图"选项，并单击"无"按钮，加载一张背景图片，如图7-76所示。

STEP 6 ▶ 打开材质编辑器，将新加载的背景图片用鼠标左键拖曳到一个新的材质球上，在弹出的"实例(副本)贴

图7-76

图"对话框中勾选"实例"选项。在"坐标"选项中切换环境的显示方式为"屏幕",如图7-77和图7-78所示。

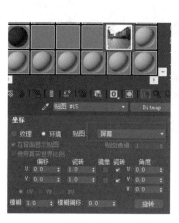

图7-77 图7-78

STEP 7 创建一盏目标平行光,将它放在接近天光的位置,用来模拟电话亭照射后产生的投影效果。进入目标平行光的修改面板,在"强度/颜色/衰减"卷展栏中修改"倍增"为1.5,在"平行光参数"卷展栏中修改"聚光区/光束"为330,"衰减区/光束"为360,如图7-79至图7-81所示。

图7-79 图7-80 图7-81

STEP 8 打开材质编辑器,创建一个"无光/投影"材质,并赋予地面模型,这样地面模型物体就只能接受灯光的投影属性,最终效果如图7-82和图7-83所示。

图7-82

图7-83

第 8 章

动　画

动画是利用人眼的视觉暂留现象，并通过一序列连续的图片播放所形成的。换句话说，无论我们拍摄的内容是什么，只要采取逐帧的拍摄方式，并且在播放时是连续的播放并形成了活动的影像，就属于动画的范畴。

3ds Max 2018有一套比较完整的动画系统，在本章我们将认识到一些动画的创作工具、常用的关键帧动画，以及角色动画的制作流程。

8.1　动画的基础知识

掌握动画的基本理论知识，有助于我们对动画的概念和制作过程有个清楚的认识，例如视频的制式、3ds Max 2018动画基本的时间配置等。

8.1.1　动画常用的视频制式

根据播放平台的不同(电视、网络、计算机)，动画输出保存的制式也不尽相同，最常用的制式主要有以下几种。

NTSC：全称National Television System Committee，1952年由美国国家电视标准委员会制定的一种彩色广播标准制式。这种制式属于隔行扫描，画面比例为4∶3，图像的分辨率为720×480，帧速率为29.97帧/秒。美国和日本都使用这种制式。

SECAM：1966年由法国研制成功。这种制式属于隔行扫描，画面比例为4∶3，图像的分辨率为720×576，帧速率为25帧/秒。俄罗斯、埃及和非洲等国家使用这种制式。

PAL：1967年由一家德国公司研制成功。这种制式属于隔行扫描，画面比例为4∶3，图像的分辨率为720×576，帧速率为25帧/秒。中国及欧洲的大部分国家使用这种制式。

HDTV：全称为High Definition Television，HDTV与以上介绍的三种电视制式有很大的不同，它采用了数字信号传输。画面比例为16∶9，图像分辨率为1920×1080，帧速率60帧/秒，由于其使用了数字信号，图像的清晰度大大加强，是当下主流的视频制式。

8.1.2　时间配置

上面所提到的是全球通用的一些视频制式、显示方式和帧速率等，在3ds Max 2018中我们可以更为精细、个性化地对动画的时间加以控制。右击3ds Max 2018界面下方的图标，打开"时间配置"对话框，如图8-1所示。

1. "帧速率"选项组

显示在3ds Max 2018中常用的制式和视频的帧速率。

2. "时间显示"选项组

帧：使用"帧"作为动画时间的显示模式。

SMPTE：全称Society of Motion Picture and Tevelvision Engineer (电影电视工程协会)，用分/秒/帧作为动画时间的显示模式。

帧：TICK：用帧和时间点作为动画时间的显示模式。

分：秒：TICK：用分/秒/时间点作为动画时间的显示模式。

3. "播放"选项组

主要用来控制动画播放和回放的方式。

实时：按照真实(已设定)的时间速度播放或者回放动画。如果此选项没有勾选，计算机将逐帧播放动画，播放的帧速率由计算机硬件性能的高低来决定。

仅活动窗口：勾选此选项，将在被激活的视口中预览动画。

图8-1

循环：勾选此选项，将在动画播放结束后循环播放动画。

速度：如果"实时"选项被勾选，此选项才可以使用，用于调整动画播放的速率。

方向：决定动画播放的方向，包括"向前""向后""往复"播放。

4. "动画"选项组

开始时间：设置动画播放的起始时间。

结束时间：设置动画播放的结束时间。

长度：设置动画播放的总长度。

帧数：设置动画播放的帧数量。

当前时间：设置当前帧所处的时间。

重缩放时间：单击此按钮会弹出"重缩放时间"对话框。可以重新调整时间并在时间上进行缩放，来适应新的播放时间长度，如图8-2所示。

图8-2

| 8.2　动画制作的方式

在3ds Max 2018中，几乎任何物体都可以制作成动画。一个物体只要是在时间轴和属性上有变化，就满足了制作动画的两个基本条件。换句话说，任何一个物体只要在时间轴和运动属性上同时有变化，那么就产生了动画。这种动画方式叫做"插值动画"。在3ds Max 2018中共有两种制作插值动画的方式，它们分别是自动记录关键帧方式和设置关键帧方式。

8.2.1　自动记录关键帧的方式制作动画

自动记录关键帧的方式是比较传统也是最常用的一种方式。只要激活 自动关键点 按钮，并在不同的时间点上对要设置动画物体的相关属性进行修改即可。例如，我们想制作一个30帧的小球移动的动画，首先我们先创建一个小球，然后激活自动记录关键帧按钮，并将时间滑块移动到30帧的位置上，再利用移动工具将小球移动一段距离，即可完成小球移动的动画，如图8-3所示。

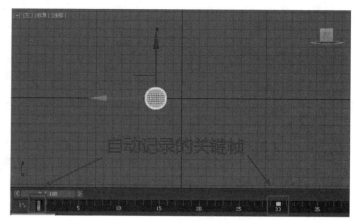

图8-3

8.2.2 设置关键帧的方式制作动画

设置关键帧的方式是一种新的动画方式。利用这种方式，不仅能够制作出复杂的角色动作，而且可以大幅度地减轻动画制作的复杂程度。

设置关键帧的方式可以实现角色pose to pose(姿态到姿态)的动画。具体方法是先确定好时间，然后调整好角色的姿态，在调整好角色的姿态后，记录关键帧。实际上相当于创建了角色姿态的快照，再将时间移动到另一个位置，继续调整角色的下一个姿态，并记录关键帧。在整个制作过程中，设置好每个不同时间位置上的关键帧是最重要的环节，待整个动作序列完成后，我们可以在每个关键动作之间插值添加需要的其他关键帧。这样角色的运动轨迹就被完整地记录下来，并且我们可以有针对性地对每个动作进行调节。

8.3 动画轨迹视图

动画轨迹视图是3ds Max 2018动画制作和编辑的主要工具。它有两种不同的编辑模式，分别是动画曲线编辑器模式和动画摄影表编辑模式，在不同的编辑模式下轨迹视图的显示内容也是不同的。

动画曲线编辑器模式是以曲线的方式来显示物体在运动中的时间和距离，并且通过调整编辑曲线可以直观地对物体的运动强度、运动节奏、变形等属性进行修改。

动画摄影表编辑模式就是将动画所有的关键帧和范围显示在一张数据表格上，通过它可以非常方便地编辑物体运动的关键帧。

单击工具栏中的 按钮就可以打开动画轨迹视图。动画轨迹视图共有4个模块，分别是菜单栏、工具栏、树状结构图和运动轨迹视图区。曲线编辑器模式和摄影表编辑模式如图8-4和图8-5所示。

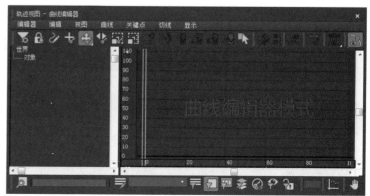

图8-4

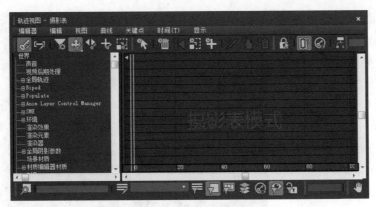

图8-5

8.3.1 动画轨迹视图的菜单栏

动画轨迹视图的布局如图8-6所示。

菜单栏位于轨迹视图的正上方，共有"编辑器""编辑""视图""曲线""关键点""切线""显示"7个菜单，涵盖了轨迹视图的所有命令，其中大部分的命令可在下面的工具栏中完成。

图8-6

8.3.2 动画轨迹视图的工具栏

工具栏位于菜单栏的下方，其中涵盖了在制作动画过程中的大部分命令及工具，这些工具会随着编辑模式的改变而不同。曲线编辑器模式下和摄影表编辑模式下的工具栏变化如图8-7和图8-8所示。

图8-7

图8-8

过滤器：单击此按钮，会弹出一个提供众多显示与隐藏功能的"过滤器"对话框，如图8-9所示。

锁定：将选定的曲线进行冻结操作。

绘制曲线：在轨迹视图中手绘一条新的运动曲线，或者修改已有的运动曲线。新绘制的运动曲线会自动增加关键帧。

添加/移除关键帧 : 单击该按钮，并在轨迹视图中单击，可以在指定的位置上增加一个新的关键帧。按住Shift键不放单击关键帧，可以移除一个关键帧。

移动关键帧 : 可以移动动画曲线的关键帧，从而调节物体的运动数值和运动时间位置，其中包括水平和垂直两个方向的移动。在移动的过程中按住Shift键不放可以在移动的同时复制一个新的关键帧。

滑动关键帧 : 可以将选定的关键帧在水平的时间轴上产生位置移动的变化，而垂直方向的数值不产生变化。

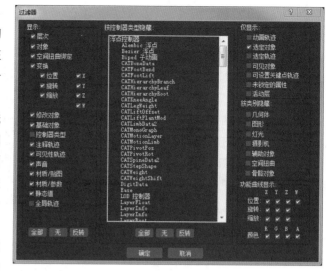

图8-9

缩放关键帧 : 单击此按钮，以当前所在的帧为中心点，将所有的关键帧之间进行距离缩放。

缩放值 : 单击此按钮，将以数值为0的水平线为缩放中心，在垂直方向上缩放选定关键帧的值。

捕捉与缩放 : 单击此按钮，在对关键帧和时间范围进行调节时，可将关键帧的位置与最近的关键帧的位置对齐。

简化曲线 : 单击此按钮，可将不光滑的曲线进行简化处理。

参数曲线超出范围类型 : 设置关键帧范围之外的运动重复方式，常用于循环或者周期性的动画制作。单击此按钮会弹出"参数曲线超出范围类型"对话框，共有"恒定""周期""循环""往复""线性""相对重复"6种循环类型，如图8-10所示。

恒定 : 在已经设定的关键帧动画范围以外静止，不产生动画效果。

周期 : 在已经设定的关键帧动画范围以外反复循环播放，播放的内容同设定好的动画相同。

循环 : 在已经设定的关键帧动画范围以外反复循环播放，即在动画结束和新的开始之间插入对称的动画，从而产生平滑过渡的效果。

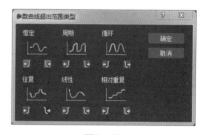

图8-10

往复 : 使动画结束后反方向交替循环播放。

线性 : 在已经设定的关键帧动画范围以外两端插入线性的动画曲线，使动画在开始和结束时保持平稳。

相对重复 : 在每一次重复播放动画时都在前一次结束帧的基础上进行，并产生新的动画数值。

曲线编辑工具组 : 此工具组大部分都有两个下拉子菜单，默认曲线的输入端和输出端是一致的，下拉菜单中的第一个命令为设置关键帧的输入端，第二个命令为设置关键帧的输出端，如图8-11和图8-12所示。

自动设置切线：选择一个关键帧，单击此按钮，将自动设置该关键帧的切线。

将切线设置成样条线：选择一个关键帧，单击此按钮，可以单独地调节切线任意一边的手柄。

将切线设置为加速：选择一个关键帧，单击此按钮，可以将曲线设置成加速曲线。

将切线设置为减速：选择一个关键帧，单击此按钮，可以将曲线设置成减速曲线。匀速、加速、减速、淡入淡出曲线，如图8-13至图8-16所示。

将切线设置成阶梯式：选择一个关键帧，单击此按钮，可以将曲线设置成阶梯式。

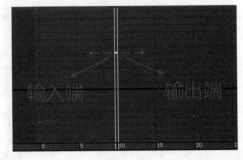

图8-11

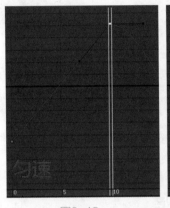

图8-12

> **提示**
>
> 　　阶梯式的切线方式类似于电灯的开关，只有瞬间的开或关，在开和关之间是没有任何过渡的。制作角色复杂的动作时，在初始设置角色各个姿态时往往使用这种切线的模式，待把角色每个姿态和时间调整好后，再将切线改为其他模式。

将切线设置成直线式：选择一个关键帧，单击此按钮，可以将曲线设置成直线式。

> **提示**
>
> 　　直线式的曲线是一种匀速的运动模式。

将切线设置成圆滑式：选择一个关键帧，单击此按钮，可以将曲线设置成圆滑式。

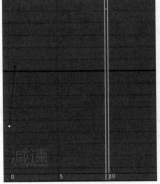

图8-13

图8-15

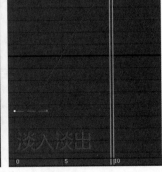

图8-14

图8-16

> **提示**
>
> 　　将曲线的切线改为圆滑式后，切线两端的手柄将失去作用。

显示切线：打开或者关闭切线手柄的显示状态。

断开切线：选择一个关键帧，单击此按钮，切线两边的手柄将会进行单独调节。

统一切线：和"断开切线"相反，选择一个已经断开的关键帧手柄，单击此按钮，此切线两端将会重新连接在一起。

锁定切线：此按钮若处于激活状态，若选择了多个关键帧，调整一个关键帧的切线手柄，其他所选定的关键帧切线也会跟着调整。

8.3.3 动画轨迹视图的树状结构图

根据物体的不同属性，树状结构图可分为很多种类，在树状结构图中可以很直观地显示物体之间及物体内部的各种关系。在整个场景中的属性有声音、全局轨迹、环境、渲染效果、渲染元素、渲染器、全局阴影参数、场景材质、材质编辑器和对象等。

8.3.4 动画轨迹视图的轨迹区域

轨迹视图区域是查看动画的核心区域。视图从左至右代表动画的时间，从下到上代表着动画运动的强度属性，从这个平面的视图中我们就能直观地观察动画的运动了。如图8-17所示，我们就能看出这是一个位置移动的动画，这个动画共有三个关键帧，分别在第0帧、第10帧和第20帧的位置，而位置移动是在X轴向上，数值分别为0帧是-45，10帧是50，20帧又返回了原始的-45的位置。

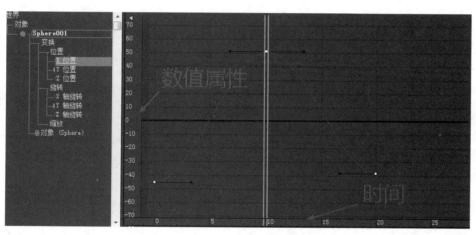

图8-17

8.4 关键帧动画

在前面的内容中提及制作动画的两种方式，分别是自动记录关键帧动画和设置关键帧动画。本节我们将详细介绍这两种动画的制作方法。

8.4.1 使用自动记录关键帧制作动画

自动记录关键帧的方法非常简单实用，只需要满足在时间和参数上的同时变化，就可以完成。例如，我们想制作一个大约20帧的茶壶变形和位移的动画，如图8-18所示。

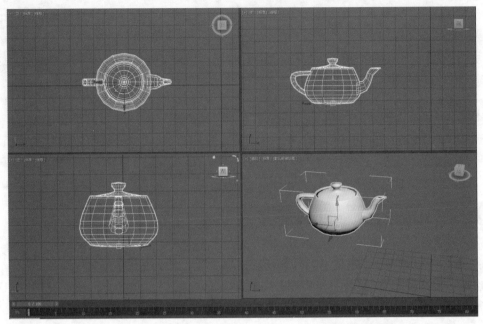

图8-18

STEP 1 首先将时间滑块拖动到第0帧的位置，在保证茶壶的所有属性都不变的情况下，单击"切换自动记录关键帧模式"按钮，当"自动记录关键帧"按钮被激活后，时间滑块会以红色显示，如图8-19所示。

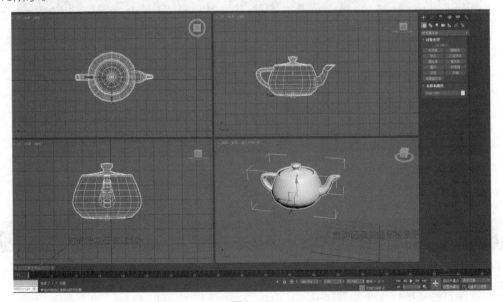

图8-19

STEP 2 将时间滑块拖动到第20帧的位置，利用缩放工具将茶壶的造型进行编辑，例如沿着Y轴进行缩放，将茶壶的造型压扁，如图8-20所示。

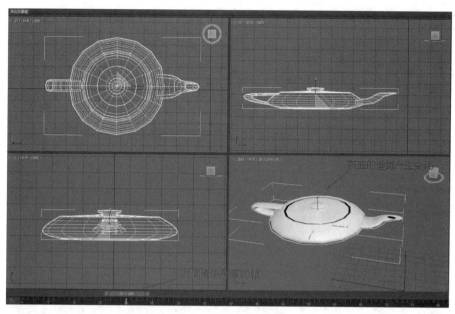

图8-20

STEP 3 在0~20帧范围内拖动时间滑块，我们会发现茶壶产生了变形动画，并且时间滑块上的第0帧和第20帧分别会以蓝色标记出来，这就是前面提到的关键帧，0帧和20帧之间的范围被称为中间帧。

STEP 4 在已经记录有关键帧的地方同样还可以记录其他属性。保持在第20帧的位置上，利用移动和旋转工具，分别对茶壶的位置进行编辑，待完成后继续拖动时间滑块来观察茶壶的变化，我们会发现在第0帧和第20帧的位置上分别会以红、绿、蓝来显示，这就表明在0和20帧的关键帧上分别有位移、旋转和缩放的动画属性，如图8-21所示。

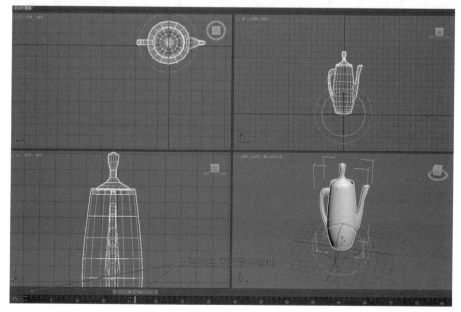

图8-21

8.4.2 使用设置关键帧制作动画

设置关键帧的方法和自动记录关键帧的方法原理是一样的，都是满足时间和参数上的同时变化即可。我们还是用一个位移和变形的动画来说明设置关键帧和自动记录关键帧的区别。

STEP 1 在时间滑块处于第0帧的时候，单击"切换设置关键点模式"按钮，并单击"设置关键点"按钮，如图8-22所示。

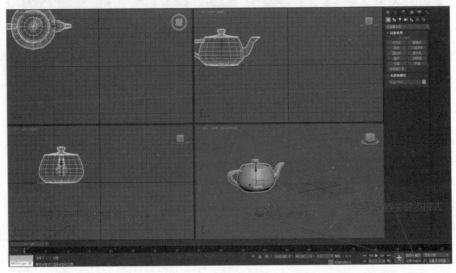

图8-22

STEP 2 将时间滑块移动到第20帧的位置，分别利用缩放和移动工具对茶壶的位置和形状进行编辑，待完成编辑后再次单击"设置关键点"按钮，完成动画的制作，如图8-23所示。

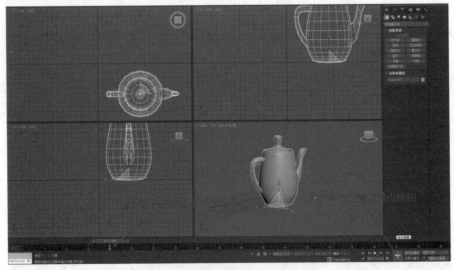

图8-23

通过对比，我们会发现自动记录关键帧模式虽然在动画的制作中比较便利，但如果由于操作不当，很容易在不需要记录关键帧的位置上产生一些不需要的废帧，而这种废帧会使我们的动画变得很不流畅。而设置关键帧的模式虽然在制作流程上感觉会麻烦一些，但是会更加准确。

8.5 关键帧动画制作实例：跳动的可乐罐

8.5.1 制作可乐罐基本的弹跳动画

STEP 1 打开配套资源中的Animation_Kele文件。单击"时间配置"按钮，在"时间配置"对话框中修改帧速率为PAL制式，并将动画的结束时间调整至70帧，如图8-24和图8-25所示。

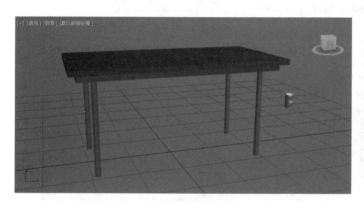

图8-24　　　　　　　　　　　　　　　　　图8-25

STEP 2 选择可乐罐，单击"自动关键点"按钮，将时间滑块移动到第9帧，利用移动工具将可乐罐移动到桌子上空，具体位置为X轴=25、Z轴=45。这样 3ds Max 2018就会自动记录第0帧和第9帧之间的位置属性的变化，并对中间的动画进行差值计算。打开轨迹视图我们会看到曲线视图中有红、绿、蓝3条曲线，这3条曲线分别描述了可乐罐在X、Y、Z轴向上的运动，从图中我们可以看出可乐罐蓝色的Z轴和红色的X轴有数值上的曲线变化，而绿色的Y轴是一条直线，这就证明可乐罐在Y轴上是没有运动的，如图8-26和图8-27所示。

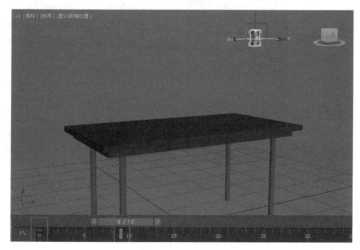

图8-26

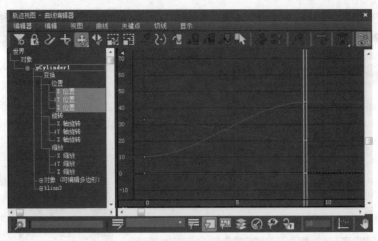

图8-27

STEP 3 将时间滑块移动到第18帧的位置，利用移动工具制作可乐罐下落至桌面的动画，具体数值为X轴=13、Z轴=25，如图8-28所示。

STEP 4 伴随着可乐罐弹跳力量的衰减，每次弹跳的时间和高度都会有所衰减，所以我们将可乐罐第二次弹起和落下的时间分别限定在第25帧时X轴=9、Z轴=40，第32帧时X轴=3、Z轴=25，如图8-29所示。

STEP 5 我们同样可以利用曲线编辑器来给可乐罐添加弹跳动画，单击"添加/移除关键点"按钮，在Z轴和X轴的动画曲线上分别添加两个关键点，如图8-30所示。

STEP 6 切换到移动关键点工具，选择Z轴新增加的关键点，在曲线编辑器底部的帧数和数值 [40] [25.103] 的第一个输入框中输入39，第二个输入框中输入32。选择

图8-28

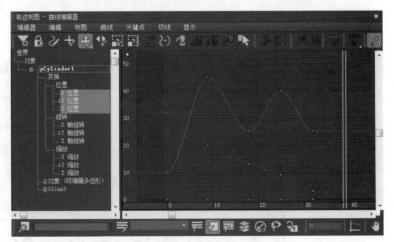

图8-29

X轴新增加的关键点，分别在第一个输入框中输入39，在第二个输入框中输入-2，如图8-31和图8-32所示。

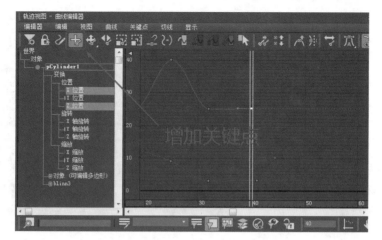

图8-30

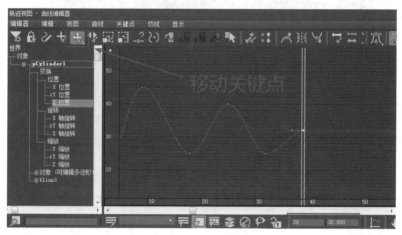

图8-31

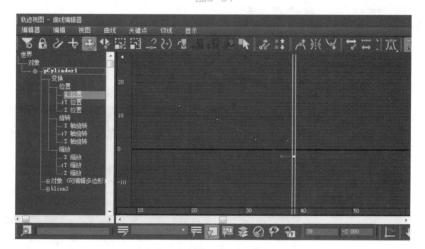

图8-32

提 示

"移动关键点"工具可以精确地帮助我们快速地将时间滑块移动到我们想要的帧数上。

STEP 7 将时间滑块移动到第45帧的位置，制作可乐罐落在桌面上的动画，设置Z轴=25、Z轴=−4，如图8−33所示。

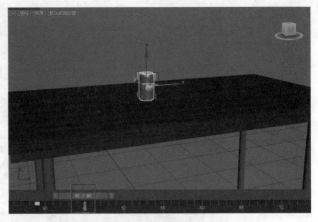

STEP 8 可乐罐最后的弹跳数值是第50帧时Z轴=28、X轴=−7，第54帧时Z轴=25、X轴=−8，曲线图趋势如图8−34所示。

图8−33

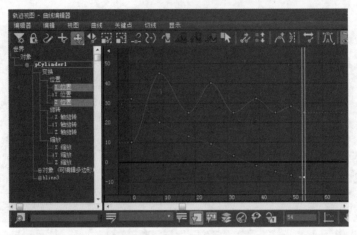

图8−34

8.5.2 调节动画曲线

可乐罐的基本弹跳动画已经做好了，但是当我们观看动画时会发现，可乐弹跳的节奏有些拖沓，而且在向前运动的过程中会有一些卡顿的现象。对于这些细节问题，我们可以通过动画曲线编辑器来进一步编辑。

STEP 1 打开动画曲线编辑器，观察Z轴的动画曲线，曲线的最低点位置代表着可乐罐每次落在桌面上的位置，选择这4个关键点，利用"断开切线"工具，将它们的曲线形态进行调节，待调节完成后，我们会发现可乐罐的弹跳轻盈了很多。调节后的形态变化对比如图8−35和图8−36所示。

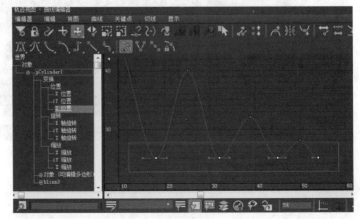

图8−35

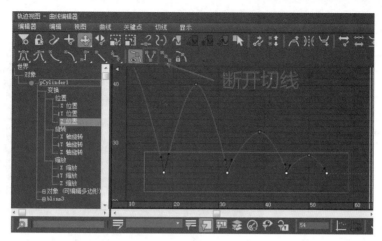

图8-36

STEP 2 对于可乐罐向前的运动轨迹，我们可以删除第0至54帧之间的X轴向的关键帧，并对第0帧和第54帧的关键帧曲线形态进行调节。因为通过观察视图发现，正是这些中间的关键帧，才使向前的运动显得拖沓。调节后的对比图如图8-37和图8-38所示。

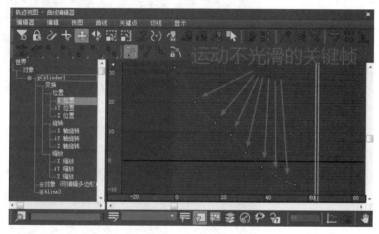

图8-37

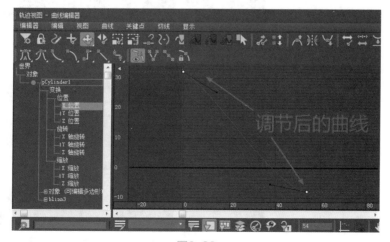

图8-38

8.5.3 为可乐罐运动添加翻转细节

STEP 1 在制作可乐罐的旋转动画时，同样可以利用动画曲线编辑器来调节旋转属性。将时间滑块移动到第18帧的位置，在底部的帧数和数值选项里，第一个选项里输入18，第二个选项里输入-880，如图8-39所示。

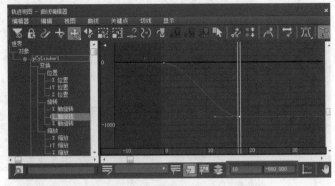

图8-39

STEP 2 为了让可乐罐的弹跳有一些戏剧性的效果，我们在第32帧时让可乐罐向反方向旋转弹跳。在第一个选项里输入32，第二个选项里输入-150。观看可乐罐弹跳的动画，我们会发现，由于受到向前的惯性影响，可乐罐在完成第一次弹跳后，出现了一个反方向的弹跳，如图8-40所示。

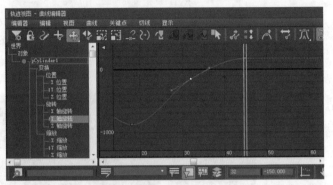

图8-40

STEP 3 在第45帧时第二个选项里输入155，在第54帧时第二选项里输入285，继续制作可乐罐的弹跳动画，如图8-41和图8-42所示。

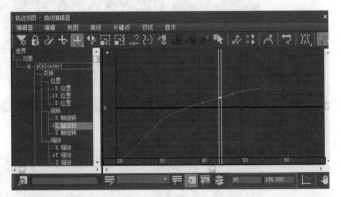

图8-41

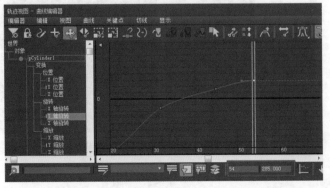

图8-42

8.5.4 为可乐罐运动添加落地细节

任何物体在落地的时候都会产生一定幅度的震动，震动的幅度和频率是受到落地物体的重量所影响。可乐罐是一个很轻的铝制材质，所以它在落地的时候会产生一种很频繁的震动。我们继续利用曲线编辑器来制作可乐罐落在桌面上的效果。

STEP 1 继续利用曲线编辑器，分别在第57、59、61、63、65和67帧的位置，利用旋转工具为可乐罐制作震动动画。最后选择这些新增加的关键帧，单击"将切线设置成线性"按钮，如图8-43所示。

STEP 2 最后利用移动工具将可乐罐沿着X轴稍微向前移动一点，完成可乐罐弹跳动画，如图8-44所示。

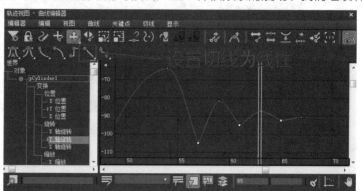

图8-43

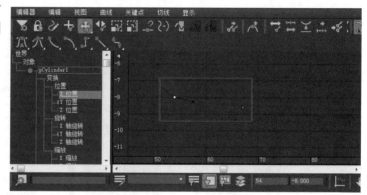

图8-44

8.6 利用控制器制作动画

在3ds Max 2018中所有的动画数据实际上都是靠控制器来进行计算和描述的，每一种控制器都提供了独特的处理动画的功能。巧妙地利用控制器不仅可以制作优秀的动画作品，还可以大幅度地提升我们的工作效率。我们常用的控制器有路径约束控制器、注视约束控制器、附加控制器等。

8.6.1 路径约束控制器动画：汽车动画

路径约束控制器可以使物体沿着一条或者多条指定路径进行运动，通过调节每条路径的权重比可以在多条路径之间进行切换。路径动画常应用于建筑漫游动画中。

我们可以模拟汽车沿着一条崎岖的山路行驶。

STEP 1 打开配套资源中的car Path_01文件。在顶视图中利用画线工具创建一条封闭的路径。进入顶点的编辑层级，利用移动工具将曲线路径调节成类似崎岖蜿蜒的公路，如图8-45和图8-46所示。

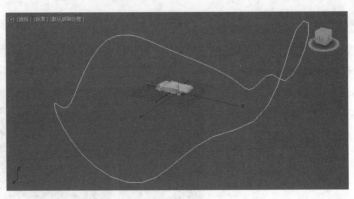

图8-45   图8-46

STEP 2 选择汽车模型，进入运动面板，在"指定控制器"卷展栏中激活"位置：位置 XYZ选项"
后，单击"指定控制器"按钮，如图8-47和图8-48所示。

STEP 3 在弹出的"指定位置控制器"对话框中选择"路径约束"选项，并单击"确定"按钮，如
图8-49所示。

图8-47   图8-48   图8-49

STEP 4 单击"路径参数"卷展栏中的"添加路径"按钮，然后在任意视图中单击绘制好的路径曲
线，完成路径拾取操作。当完成操作后我们会发现，汽车已经约束到我们绘制好的曲线上了，如
图8-50和图8-51所示。

   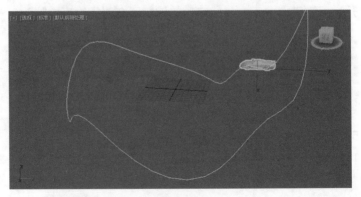

图8-50   图8-51

STEP 5 当我们预览动画时，会发现汽车已经被约束在我们绘制好的曲线上了，但并不会随着路径的弯曲而产生运动角度的变化。我们只要在"路径参数"卷展栏中激活"跟随"和"倾斜"选项，就可以修复这个问题，如图8-52和图8-53所示。

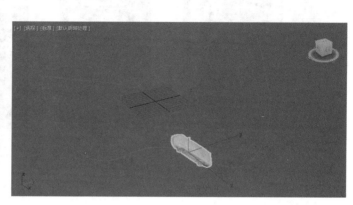

图8-52   图8-53

8.6.2 注视约束控制器动画：目不转睛

注视约束控制器可以使一个物体始终朝向另一个物体，同时可以对物体的旋转角度进行调节。多应用于角色的眼部控制器。

我们可以模拟让眼睛始终朝着一个物体去看。

STEP 1 打开配套资源中的Aim eye文件。我们利用角色眼睛前的矩形作为一个虚拟物体，用它来控制角色眼睛的旋转，使角色的眼睛总是朝着虚拟物体注视。选择角色左边的眼球物体，进入运动面板，在"指定控制器"卷展栏中选择"旋转:Euler XYZ"选项，并单击"指定控制器"按钮，如图8-54和图8-55所示。

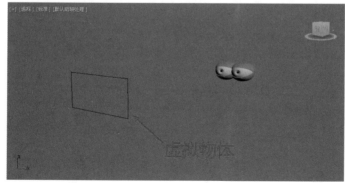

图8-54   图8-55

STEP 2 在弹出的"指定旋转控制器"对话框中选择注视约束。单击"注视约束"卷展栏中的"添加注视目标"按钮，并在任意视图中选择矩形虚拟物体，完成约束的指定。如果发现眼球物体旋转发生偏移的问题，可以勾选"注视约束"卷展栏中的"保持初始偏移"选项，如图8-56至图8-58所示。

图8-56

图8-57

图8-58

STEP 3 为了保持眼球和眼睑物体旋转的一致性，我们可以用矩形虚拟物体反复地约束不同的物体。选择眼睑物体，进行以上的同样操作。完成操作后，当我们移动虚拟物体时会发现角色的眼球模型会跟随虚拟物体进行旋转并始终注视着虚拟物体。

第 9 章

特 效

特效镜头是指在现实生活中不能直接完成的带有特殊效果的镜头。因为在现实拍摄过程中，受到的干扰拍摄的因素较多，例如天气、外景、演员、场地等条件的限制，所以有些镜头就需要运用三维软件的特效模块来制作完成。

3ds Max 2018的特效功能非常强大，借助粒子系统、空间变形等效果，能模拟现实生活中类似爆炸、海洋、风雪、烟、云等效果。

| 9.1 粒子动画制作的基本流程

制作任何类型的粒子动画基本遵循着下面的基本流程。

STEP 1 创建粒子发射器。所有的粒子系统都需要一个发射器来发射粒子。发射器既可以直接在场景中新建，也可以指定场景中任意物体来作为发射器。

STEP 2 自定义粒子的发射数量。由粒子发射器发射出的粒子是有一定的数量的，并且这些粒子也受到诸如发射速度、粒子寿命等因素影响。所以在确定好粒子发射器之后，要对一定时间内发射器所产生的粒子自身的属性进行调节。

STEP 3 设置粒子的形状及大小。粒子用来模拟的对象不同，那么粒子自身的形状、大小、颜色等属性也不同，我们可以从标准的类型中去选择粒子的类型，也可以在已有的场景中去拾取一个对象物体来作为粒子类型。

STEP 4 设置粒子的运动属性。这里的运动属性主要是指发射器的发射速度、发射方向、发射旋转角度和发射的随机性。

STEP 5 修改粒子的运动。待粒子发射离开后，我们可以使用空间扭曲等属性来影响所发射粒子的整体形状和运动模式。

STEP 6 渲染粒子形状。

| 9.2 粒子类型

3ds Max 2018的粒子系统是一个粒子的集合。它指的是通过发射器来发射各种形状、各种类型的粒子颗粒，而创建特殊视觉效果的动画。3ds Max 2018共有7种不同类型的粒子，分别是粒子流源、喷射、超级喷射、雪、暴风雪、粒子阵列和粒子云，如图9-1所示。

图9-1

│9.3 喷射类型粒子

喷射类型粒子是比较常用且简单的粒子系统，它能够模拟类似喷泉、下雨等带有喷射效果的粒子动画。

STEP 1 我们只需要将创建面板中的"标准基本体"下拉列表切换为"粒子系统"，即可创建喷射类型的粒子系统。如图9-2和图9-3所示。

STEP 2 单击"喷射"按钮，在顶视图中拖曳一个矩形，该矩形代表粒子发射器的大小。进入修改面板，如图9-4和图9-5所示。

图9-2 图9-3

视口计数：该数值代表粒子在视图中的显示数量。

渲染计数：该数值决定了粒子最终的渲染数量。

> **提 示**
>
> 一般情况下会把"视口计数"的数值设置得小一些，如果该数值设置过大，会加大软件的运算时间。而"渲染计数"才是最终的粒子数量。

图9-4 图9-5

水滴大小：该数值代表单个粒子的大小。

速度：该数值代表粒子发射器发射粒子的速度，数值越大，发射粒子的频率就越快。

变化：该数值代表发射出的粒子随机的变化程度，数值越大，粒子变化的程度越丰富。

水滴/圆点/十字叉：这三个选项代表了粒子颗粒在视图中的显示方式，但是无论哪种显示方式，都与最终渲染的效果没有直接关系，三种显示效果如图9-6至图9-8所示。

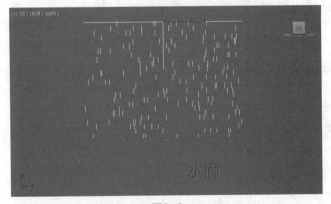

图9-6

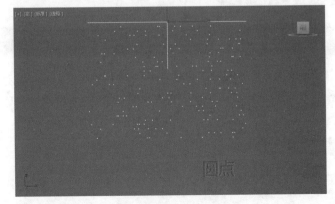

图9-7

开始： 该数值代表发射器开始发射粒子的起始帧数。

寿命： 该数值代表粒子存活的时间长短，是以帧数来计算的。

出生速率： 该数值代表发射器每帧发射出粒子的数量。

恒定： 如该选项被激活，代表发射器将以恒定的速率发射粒子，产生均匀的发射效果。

宽度和长度： 该数值用来设置发射器尺寸的大小。

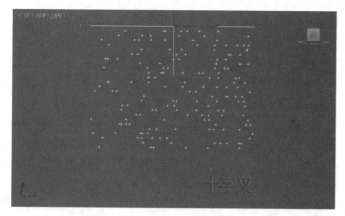

图9-8

9.4 喷射粒子实例：雨中喷泉1

9.4.1 设置粒子发射器

STEP 1 打开配套资源中的Particle_Spray_01文件。切换创建面板到粒子系统子面板，单击"喷射"按钮，在顶视图中拖曳一个矩形，切换到移动工具，将发射器调节到喷泉的上方，如图9-9和图9-10所示。

图9-9

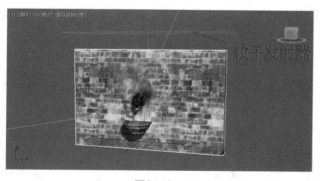

图9-10

STEP 2 选择粒子发射器，切换到修改面板。设置"视口计数"为500，"渲染计数"为6000。在"发射器"卷展栏中设置发射器的"宽度"为800，长度为300，如图9-11至图9-13所示。

图9-11

图9-12

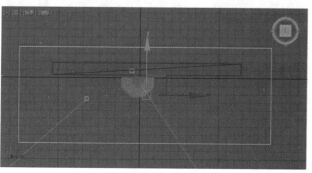

图9-13

STEP 3 播放动画，我们会发现，有很多的粒子从发射器中发射出来，但粒子颗粒很小，模拟水滴的粒子都是朝着一个方向落下，显得很呆板。修改"水滴大小"为6，"速度"为15，"变化"为4，如图9-14和图9-15所示。

图9-14   图9-15

STEP 4 在"计时"选项组中设置"开始"为-50，"寿命"为100，使发射器从第-50帧的时候开始发射粒子，粒子的寿命在第100帧的时候结束。如果想隐藏粒子发射器，可以勾选"发射器"选项组中的"隐藏"复选框。单击"渲染帧窗口"按钮，查看渲染后的效果，如图9-16和图9-17所示。

图9-16   图9-17

9.4.2 调节粒子渲染材质

STEP 1 在材质编辑器中新建一个标准材质，将其改名为"雨滴"。设置"自发光"为80，"高光反射"颜色为白色。展开"扩展参数"卷展栏，将"高级透明"的"衰减"属性设置为"外"，"数量"修改为150，并将"类型"属性设置为"相加"。单击"渲染帧窗口"按钮，查看渲染后的效果，如图9-18和图9-19所示。

图9-18

图9-19

STEP 2 雨滴的效果基本出来了，但看起来还不是很真实，我们在雨滴材质的不透明度通道中为其添加一张"渐变"贴图，反射通道中添加一个光线跟踪贴图，单击"渲染帧窗口"按钮，查看渲染后的效果，如图9-20所示。

图9-20

STEP 3 最后选择粒子物体，单击鼠标右键，在弹出的菜单中选择"对象属性"命令，在"运动模糊"选项组中勾选"图像"选项，为粒子添加一个运动模糊的特效，最终渲染效果如图9-21所示。

图9-21

| 9.5 超级喷射粒子实例：雨中喷泉2 🔍

超级喷射能够模拟暴风雨或喷泉等带有强劲力度的动力学粒子动画。其可调节的参数更为丰富，可以说是喷射粒子的升级版。

9.5.1 设置超级喷射粒子发射器 ↗

STEP 1 打开配套资源中的Particle_Spray_02文件。为了方便观察，可将用于模拟下雨效果的粒子隐藏起来。切换创建面板到粒子系统子面板，单击"超级喷射"按钮，在顶视图中拖曳一个圆形，切换到移动和旋转工具，将发射器的位置和发射方向调节到喷泉的喷水口，如图9-22所示。

图9-22

STEP 2 选择粒子发射器，切换到修改面板，在"基本参数"卷展栏中设置"扩散"分别为15和55。选择"圆点"显示粒子，并将"粒子数百分比"设置为100，如图9-23和图9-24所示。

图9-23

图9-24

STEP 3 在"粒子生成"卷展栏中设置"使用速率"为200，"速度"为3，"发射开始"为-50，"发射停止"为100，"寿命"为20，"变化"为60，"粒子大小"为3，"变化"为10。在"粒子类型"卷展栏中设置"标准粒子"为"面"的显示方式，单击"渲染帧窗口"按钮，如图9-25至图9-27所示。

图9-25

图9-26

图9-27

STEP 4 通过观察我们发现，从粒子发射器发射出的粒子，呈直线的方式被发射出来，如若想要用粒子去模拟真实的水流落入到喷泉池中的效果，就应给粒子添加一个重力场的效果。单击空间扭曲面板中的"重力"按钮，并在顶视图中拖曳出"重力场"图标，如图9-28和图9-29所示。

图9-28

图9-29

STEP 5 在工具栏中单击"绑定到空间扭曲"按钮，在任意视图中按住鼠标左键不放并拖曳"重力场"图标到粒子上。当完成重力场和粒子的空间绑定后，我们会发现粒子出现了自然下落的效果，如图9-30和图9-31所示。

图9-30

图9-31

STEP 6 切换空间扭曲到导向器子面板，单击"导向板"按钮，在顶视图中根据喷泉水池形状大小拖曳出一个矩形，用来模拟喷泉水流入水池后产生的碰撞效果，如图9-32和图9-33所示。

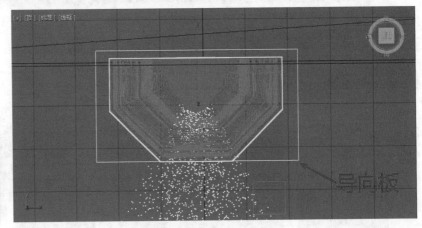

图9-32   图9-33

STEP 7 切换到移动工具，将导向板移动到喷泉下方水池的位置。利用"绑定到空间扭曲"工具将导向板与粒子进行绑定，待完成操作后就能模拟出水花溅落在水池中喷溅的效果了，如图9-34和图9-35所示。

图9-34

图9-35

9.5.2 调节粒子渲染材质

STEP 1 在材质编辑器中新建一个标准材质，将其改名为"喷泉"。在漫反射通道中加载一张"粒子年龄"的程序贴图，设置"颜色#1"的颜色为淡蓝色，具体数值为红121、绿124、蓝183，设置"颜色#2"的颜色为灰色，具体数值为红151、绿161、蓝166，"高光反射"颜色为白色，设置"颜色#3"的颜色为白色。将此"粒子年龄"的程序贴图复制一份，并加载到"喷泉"材质的自发光通道中。在不透明度通道中加载一张"衰减"的程序贴图，并将"衰减类型"设置成Fresenel类型，如图9-36至图9-38所示。

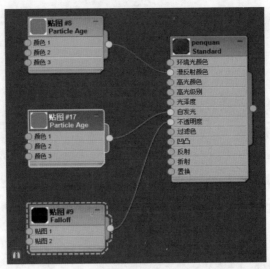

图9-36

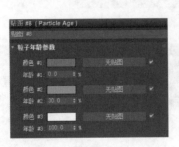

图9-37

图9-38

STEP 2 最后，选择粒子物体，单击鼠标右键，在弹出的菜单中选择"对象属性"命令，在"运动模糊"选项组中勾选"图像"复选框，为粒子添加一个运动模糊的特效，最终渲染效果如图9-39所示。

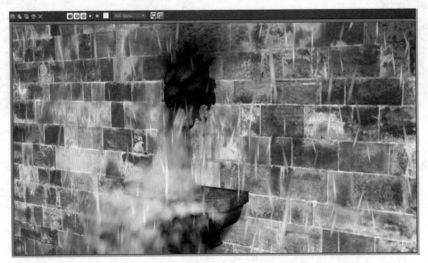

图9-39

STEP 3 我们可以测试不同粒子类型渲染后的效果，如图9-40至图9-43所示。

图9-40

图9-41

图9-42

图9-43

9.6 粒子流源

粒子流源是3ds Max 2018一种新型且功能强大的粒子系统。其主要特色是节点式的粒子视图和事件触发类型的粒子系统。所谓事件触发是指，它发射的粒子状态可以由其他事件引发而进行改变。这样就大大增强了粒子的可控性，粒子视图如图9-44所示。

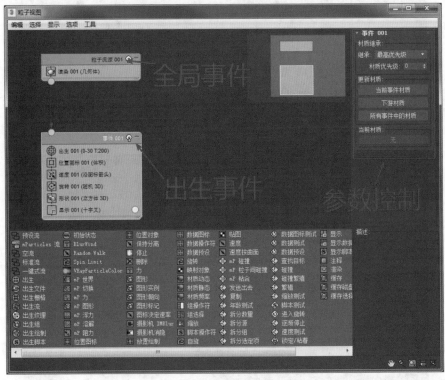

图9-44

9.7 粒子流源实例：树叶飘落

STEP 1 打开配套资源中的Particle_PF_01文件，在顶视图中创建一个"粒子流源"发射器，切换到移动工具，将这个发射器调整到大约在树的上方，如图9-45所示。

图9-45

STEP 2 选择粒子发射器，切换到修改面板，单击"设置"卷展栏中的"粒子视图"按钮，打开粒子视图窗口。单击"事件001"中的"出生001"操作符，设置"停止发射"为300，"数量"为300，单击"播放动画"按钮，观察视图我们会发现，会有许多粒子从粒子发射器中发射出来，如图9-46和图9-47所示。

STEP 3 选择"事件01"中的"速度02"操作符，设置"速度"为0。播放动画，我们会发现粒子不会产生下落的效果，因为我们会在后面重新再添加一个重力场，用来控制树叶的下落，如图9-48和图9-49所示。

图9-46

图9-47

图9-48

图9-49

提 示

添加"重力场"会更加精准地控制粒子下落的状态。

STEP 4 在预设仓库中选择"年龄测试"操作符，并拖曳至"显示01"的下方，设置"测试值"为10，"变化"为100，如图9-50所示。

STEP 5 在预设仓库中选择并添加"力"操作符，将"力"操作符拖曳到"事件01"的旁边，并将它与"年龄测试"操作符链接起来，如图9-51所示。

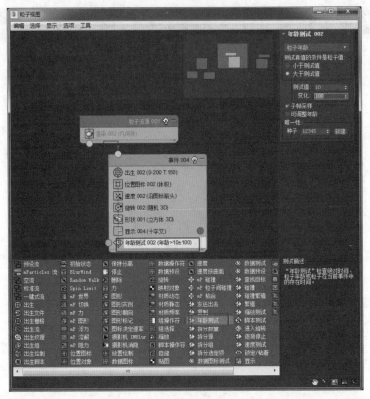

图9-50

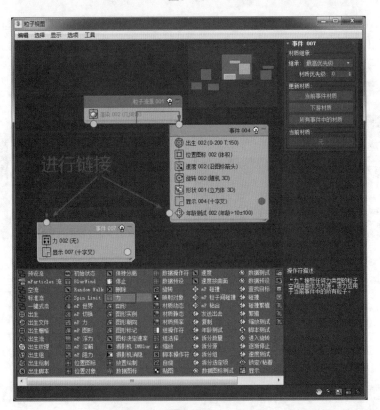

图9-51

STEP 6 切换到创建面板，选择空间扭曲选项，在"力"面板中单击"重力"按钮，并在顶视图中拖曳一个重力场的图标。在"力"面板中继续创建一个"风"，并在视图中拖曳出来，利用移动和旋转工具将两个场的图标调整到合适的位置。分别选择"重力场"和"风场"，进入修改面板，将它们的"强度"分别改为0.02，如图9-52和图9-53所示。

图9-52

图9-53

STEP 7 单击"事件03"中的"力02"选项，在"力空间扭曲"中将新创建的"重力场"和"风场"添加进来，如图9-54和图9-55所示。

图9-54

图9-55

STEP 8▸ 播放动画，粒子就会出现缓缓下落，而在下落的过程中又会受到风力的干扰，出现缓慢飘落的效果。在预设仓库中选择并添加"图形实例"操作符，并拖曳到"事件02"中的"力"操作符的下面。在"图形实例"参数面板中单击"无"按钮，并在任意视图中拾取名为Single_Leaf的图形物体，这样就用树叶模型替代了粒子，如图9-56和图9-57所示。

图9-56

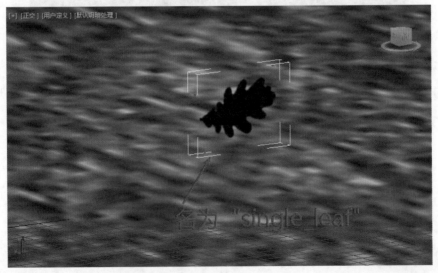

图9-57

STEP 9 选择"事件02"中的"显示"操作符，在"类型"下拉列表中选择"几何体"选项，这样就能在视图中看到树叶几何体代替粒子的效果了，如图9-58和图9-59所示。

图9-58

图9-59

STEP 10 最后，添加一个"自旋"操作符，并拖曳到"图形实例"的下面，这样就会出现树叶在下落过程中慢慢旋转的效果了，如图9-60所示。

图9-60